WEST POINT

# 西点军校

## 给青少年的启示

何仁军◎编著



中国纺织出版社

## 内 容 提 要

西点军校是全球杰出青少年都向往的优秀学府，这里包含美国精英的成功智慧，两位美国总统，数千位董事长和无数行业精英的启示，让每个青少年都受益匪浅。

本书让你不进西点，也能聆听西点教授的哲理。本书以西点军校的人事物为引发点，结合现今社会青少年的实际情况，生动而具体地教导青少年成功的方法和诀窍，讲述人生的智慧和哲理。希望在西点思想的引导下，每位青少年朋友都能够斗志昂扬、勇往直前，实现自己的人生价值！

**图书在版编目（CIP）数据**

西点军校给青少年的启示 / 何仁军编著. —北京：中国纺织出版社，2014. 2 （2024.4重印）

ISBN 978-7-5180-0063-0

Ⅰ.①西… Ⅱ.①何… Ⅲ.①成功心理—青年读物②成功心理—少年读物 Ⅳ.①B848.4-49

中国版本图书馆CIP数据核字（2013）第232659号

---

策划编辑：闫 星　　责任编辑：曲小月　　责任印制：储志伟

---

中国纺织出版社出版发行

地址：北京朝阳区百子湾东里A407号楼　邮政编码：100124

邮购电话：010—67004461　传真：010—87155801

http：//www.c-textilep.com

E-mail：faxing@c-textilep.com

北京兰星球彩色印刷有限公司印刷　各地新华书店经销

2014年2月第1版　2024年4月第3次印刷

开本：710 × 1000　1/16　印张：18

字数：218千字　定价：79.00 元

---

# 前言

还在孩提时代时，每一个青少年的心中就都有一个将军梦或成为理想人物的希冀，随着自我意识的增强，他们更希望自己成为一个优秀的人，成为一个成功者，攀登上生命旅程的最高峰。然而对于大多数人来说，梦想始终只是梦想，它遥不可及；但是对于某些人来说，梦想并不是幻想，它是人生路上的一个个目标，无论有多难，也都必然可以实现。这就是从美国西点军校走出来的青少年的骄傲，西点军校培养出来的董事长有1000多名，副董事长有2000多名，其他各类高级管理人才超过5000名。它是造就传奇者的摇篮，是成功的代名词，是每一个意气风发的小男子汉们心里所向往的神圣之地。

当然，西点军校中走出来的成功者所创造出来的辉煌远不止于此，尚处于青少年阶段的青少年们，你们是21世纪的主人，你们都有必要走进西点的精神殿堂，用心学习和研读这些西点成功人士的成功经验，然后循着他们的足迹，追随他们，超越他们。当你拥有了西点军人一样的品质之后，你会发现，无论现在你的学习基础怎么样，无论你希望自己成为什么样的人，你都可以轻松规划好自己的现在和未来，并可以轻松处事，创造出属于自己的辉煌。

西点军校流传着这样一句豪言：“美国的大部分历史是由我们所培养出来的人才创造的。”那么西点军校是怎样培养出如此众多的优秀人物，是怎样教导学生的呢？西点军校对学生的要求非常严格，最基本的就是要做到：准时、守纪、严格、正直、刚毅。当然，西点还有极其具体详细的校训军规，这些都是一个成功者需要具备的品质，而这些品质也正是本书想要传达给青少年们的人生智慧。

这个世界永远不缺乏成功的机会，而是缺乏具有成功品质的人，一个人在没有经过挫折和困难洗礼的时候，想要获取成功就必然要从优秀者身上汲取营养，即使强迫自己去修炼，也要把握成功的机会。这本书结合大量西点案例，归纳西点精英遵循百年的校训和准则——从责任、荣誉、意志、勇气、热忱、服从、信念、尊重、忠诚、自发、团队、正直和竞争等方面为青少年阶段的青少年们阐述和介绍了成功者必备的品质。成功之树需要你用完善的品格去浇灌才能收获果实，在未来的道路上你是否能把握住机会，这取决于你今天的行动，希望本书能激励你不断前进，以西点的品格来塑造一个全新的你，勇敢地接受挑战。

本书在撰写、出版过程中，得到无锡市委宣传部、无锡市文联领导的指导和关心支持，在此深表感谢。

编著者

2013年5月

## 第1章　理想引航，坚定方向，行胜于言

——像西点军人一样明确理念，勇往直前



## 第2章　激励自己，非凡的信心令你前程似锦

——像西点军人一样充满勇气，打造人生

## 第3章 驱逐困难，乘风破浪要有坚毅的内心

——像西点军人一样刚毅坚强，不畏失败



## 第4章 天道酬勤，惜时勤奋方能大有可为

——像西点军人一样不断进取，铸造辉煌

## 第5章　热血奋勇，尽情冒险乐于接受挑战

——像西点军人一样热情勇敢，勇攀高峰



## 第6章　言行必果，不拖沓，勇敢尝试新思路

——像西点军人一样当机立断，果敢高效



## 第7章　严于律己，男子汉懂得自制使命必达

——像西点军人一样刚正不阿，勇于担当

## 第8章　团结协作，懂得合作的男人才能缔造辉煌

——像西点军人一样建设团队，超越自我



## 第9章　重视细节，缜密心细，做事才能高效无憾

——像西点军人一样敏锐谨慎，酝酿成功

## 第10章 开拓思路，积极思考，令自己智勇双全

——像西点军人一样思维敏捷，想法众多



## 第11章 乐观豁达，胸襟宽广，修炼精英气度

——像西点军人一样懂得宽容，仁爱善良

# 第1章

## 理想引航，坚定方向，行胜于言

——像西点军人一样明确理念，勇往直前

# 永远牢记：不想当将军的士兵不是好士兵

当今社会，人与人之间的竞争愈加激烈。每个要步入社会的青少年都必须要具备竞争意识。而如果你们想提升竞争力，在竞争中脱颖而出并走向成功的话，还必须具备一个前提条件，那就是志向和“野心”，这是每个青少年不断努力、不断进取的动力。

法国著名战略军事家拿破仑曾说过一句军事史上的名言：不想当将军的士兵不是一个好士兵。军衔对一个军人来说，就像是一种身份的象征。因为它彰显着自己的功绩，代表着荣耀。每个士兵都想当将军，这就是一种理念与方向，也是对所谓“野心”的最好说明。世上成大事者都是因为自己有一颗“想当元帅”的野心而最后如愿以偿的，否则就会永远平庸下去。其实野心也就是进取心。“野心”是人类行为的推动力，人类通过拥有“野心”，可以有力量攫取更多的资源。没有志向的人是可悲的，就像一只无头苍蝇，不知道前方的路在哪里。

竞争意识，勇夺第一。在西点人的意识里，在竞争中获胜是成功的标志。胜利说明力量，说明人格，说明成就，说明一切。所以西点的教官十分注重向学员灌输胜利意识，让所有的学员明白只有胜利，只有竞争，只有夺得第一才能赢得荣誉。

生活中，很多青少年热爱球类运动。西点的教官正是认识到取得球赛的胜利和获得晋升有许多相似之处。才把体育运动广泛地引进学员生活之中。

1961年，西点军校橄榄球队在一系列比赛中连连失败，军校当政者撤掉

了文斯·隆巴迪的教练之职，同时委任受人欢迎的波尔·迪茨尔担任新教练。校长威斯特摩兰解释说：“委任迪茨尔担任西点军校橄榄球队的教练，是为了国家的利益，为了陆军的利益，为了西点军校的利益。经过我们大家的共同努力，总算找到了一位能‘取胜’的理想教练。”

比尔·盖茨的格言是：“我应为王。”即使是屈居第二，对他来说，也是不可忍受的。他曾经对他童年要好的朋友说：“与其做一株绿舟中的小草，还不如做一棵秃丘中的橡树，因为小草任人践踏，而橡树昂首天穹。”

盖茨在小的时候，就有一种执着的性格和想成为人杰的强烈欲望。他的同学曾回忆说：“任何事情，不管是弹奏乐器还是撰写文章，除非不做，否则他都会倾其全力花上所有的时间来完成。”

他的进取精神在整个年级是赫赫有名的。几乎没有同学能比得过他。盖茨读四年级时，老师给他们布置了一道作业，要学生写一篇四五页长的关于人体特殊作用的文章，结果，盖茨一口气写了30多页。又有一次，老师叫全班同学写一篇不超过20页的短故事，而盖茨却写了100多页。

他的同学回忆说：“比尔不管做什么事情都要弄它个十全十美，不到极致决不甘心。”

说到学习，早在盖茨中学时代，他的数学就是全校学得最好的。即使在哈佛这样天才荟萃的学府，比尔·盖茨的数学才能仍然很突出。按比尔·盖茨的天分，向数学方面发展，无疑可以成为一名优秀的数学家。但他发现还有几个同学在数学方面比他更胜一筹，于是，他放弃专攻数学的打算。因为他有一个信条：在一切事情上，不屈居第二。

可见，盖茨之所以能成为软件霸主，聪明并不是第一位的，他不愿屈居第二的志气才是真正成功的动力。

为什么在现实中有些人受人敬重，有些人却被人看不起甚至被人踩在脚下？前者是因为他们有力争第一的心态，凡事努力；而后者，他们得过且过，即使掉在队伍后面，也不奋起直追，这就注定了这类人无法成大事。力争第一，是一种积极向上的心态，它为所有人创造了一种前进的动力。在很多时候，成功的主要障碍，不是能力的大小，而是我们的心态。

安踏有限公司总裁丁志忠立志要做世界鞋王，作为国内第一个用体育明星做广告的运动鞋企业，丁志忠被称为“第一个吃螃蟹”的人。丁志忠说，安踏不会做中国的耐克，而是要做中国的安踏、世界的安踏。

这个故事告诉青少年们，如果你认为自己只具有鞋匠的天赋，那你就应该争取做世界上首屈一指的制鞋大王。

当然，青少年们要明白，力争第一是成功者脱颖而出的诀窍。成功者永远要有超出众人之外的、敢于力争第一的心态。在成功之前，懂得必须以高于普通人的眼光来看待自己，否则自己永远都是一个弱者。在他们身上所体现出来的这种“力争第一”的精神，是一个人不断进取的标志，它不允许人懈怠，它引领每个人向更高层次去努力、去进取。

## 西点启示

成功者永远有超出众人之外的、敢于力争第一的心态。“力争第一”，如同成功道路上的一盏明灯，指引人们永远向着光明的前方奋进。

因此，新时代的青少年们，如果你希望自己能够得到重用，如果你不甘于平庸，希望自己成为一个成功的人，就一定要从内心决定做第一。这样在你的意识中就会有信心做到完美，你的个性也才会真正成熟起来。相反，不想做得更好，就会做得更差。如果你自甘沉沦，不追求卓越，懒得提高自己能力，那么，你就不会有所进步。为此，青少年们，你们要记住以下几点：

1. 不是第一就要努力成为第一，把“力争第一”当成一种信念

“力争第一”的态度能激发一往无前的勇气和争创一流的精神，从而获得成功。力争第一，是一种追求、一种信念、一种无畏、一种越过冷漠荒原后，看到生命绿洲的快乐。因为挑战，任何一条路都有可能；因为挑战，你的潜能会被无限地激发，你会惊喜地发现自己是如此优秀。

2. 即使你是第一，也可以做得更好

3. 开拓思维，给自己寻找更高的起点，让自己迎接新的挑战

不想当将军的士兵不是好士兵。在21世纪的今天，竞争没有疆界，青少年们，你们只有谨记这三条，做个西点青少年，才会有明确的努力方向和广阔的前景。

# 树立正确的理念，缔造非凡的人生

西点军校著名的校训之一是：“满怀信心地去为实现自己的理想而努力。”也就是说，我们能成为什么样的人，就在于我们曾做了什么样的梦。新世纪的青少年们，如若想成为一个成功的人，就要有一个正确的理念和远大梦想。有了梦想，明确了目标，为实现自己的目标而进行不懈的奋斗，才能成为你想成为的人。

美国一家统计机构发现：近20年来，在世界500强企业中，美国西点军校培养出来的董事长有1000多名，副董事长有2000多名，总经理5000多名。因此西点军校被誉为“富翁的摇篮”。

在进入西点军校前，格兰特的愿望是当一个农民，进校后力求做一个合格的学生。战争胜利后，他只想当格利纳市的市长，但到1868年时，他的抱负就远不止于此了，他接受了共和党人的总统提名。

如果说格兰特的成功有什么秘诀的话，那么这个秘诀就是“进取心”。人们常说“思想有多远，就能走多远”，这句话虽然有点儿夸张，但却是道出了思想对行动的指导作用。只有我们想不到的，没有做不到的。那么，青少年们，你是不是发现，自己正缺少这一点呢？你是否满足于你现在的现状呢？要知道，只要能树立正确的理念，非凡的人生就掌握在你们自己手里。

沃伦·巴菲特是2008年的世界首富。巴菲特的父亲是一家大公司的董事长，资产过亿。在大学毕业后，巴菲特想接管父亲的公司，却被父亲拒绝了。父亲曾慷慨地把大笔大笔的钱捐给了慈善机构，对巴菲特却异常“吝

啬”，不肯给他一分钱的创业资金。巴菲特想到银行贷款，请求父亲给他当担保，父亲又拒绝了他。为了积累创业资金，巴菲特开始了打工生涯。不久，巴菲特就用打工挣来的钱开了一个小店；尔后，小店成了公司；再后来，公司发展壮大了。

白手起家，也能成为世界首富，沃伦·巴菲特创造了财富神话！可能很多青少年会有这样的念头：我们发不了财，是因为我没有富爸爸，甚至悲叹没有人为自己提供现成的创业资金。这不是很可笑吗？这里，沃伦·巴菲特之所以能缔造自己的财富神话，就是因为他有正确的理念：巴菲特为了解决创业资金问题，想得到父亲的帮助，遭到拒绝；想到了贷款，却没人担保；贷不到款，就去打工。在巴菲特面前，没有解决不了的问题；巴菲特没有时间怨恨，没有时间等待，只有急不可待地行动。这才是白手起家的世界首富的本色！

当今社会，有很多自主创业的年轻人，其中很大一部分是以失败告终。为什么呢？因为他们认为自己没有启动资金，最终放弃了创业。持这种观点的青少年，只看到问题的存在，却找不到解决问题的方法；只看到困难，却看不到自己的力量；只知道哀叹，却不去尝试解决问题。这样的人永远也不可能成功。

据一项调查显示：浙江非公有制企业100强中，约有90%的老板出身贫寒。一无所有的农机工项青松创办了浙江001电子集团有限公司；白手起家的农民叶仙玉创办了星星集团有限公司；贫穷的鞋匠南存辉成了亿万富翁；拉着黄鱼车奔走在杭州大街小巷推销冰棒的宗庆后创办了娃哈哈集团……

这些名人的成功无不验证了西点军校“满怀信心地去为实现自己的理想而努力”的这句话的正确性。血气方刚的青少年们，只要你敢想，然后树立一个正确的理念，并为之奋斗，就可以铸造属于自己的不平凡的人生。

2001年5月20日，美国一位叫乔治·赫伯特的推销员，成功地把一把斧子推销给了布什总统。布鲁金斯学会为此把刻有“最伟大推销员”的一只金靴子赠予了他。

成功后，面对记者的采访，赫伯特说：“我认为，把一把斧头推销给小布什总统是完全可能的，因为布什总统在得克萨斯州有一个很大的农场，里面绿树成荫。于是我胸有成竹地给他写了一封信：‘总统阁下，有一次，我有幸参观您的农场，发现里面长着许多矢菊树，有些已经死掉，我想，您一定需要一把小斧头……’然后布什总统真的给我汇了15美元。”

总统需要一把斧头？很多人的答案都是否定的，因为这似乎是常识。但思维观念与众不同的乔治却把这种不可能变成了可能，并获得了“最伟大推销员”的荣誉。

## 西点启示

伟大而卓越的人，之所以能够永无止境地创造和超越卓越，就在于他们拒绝接受平庸，他们追求卓越，所以他们功成名就。

为此，初入社会的青少年们，从现在起，你只需树立一个正确的理念，充分调动你所有的潜能并加以运用，便能带你脱离平庸的人群，步入精英的行列之中！你可以记住以下几点：

1. 关注未来，不要满足于现状

独具慧眼的人，是不会因眼前的蝇头小利而放弃追求梦想的愿望，他们会用极有远见的目光关注未来。

2. 不要把梦停留在想上

梦想可以燃起一个人的所有激情和全部潜能，载他抵达辉煌的彼岸。但青少年们，有了梦想，不要把“梦”停留在“想”上，一定要付诸行动，制定目标，这样才可以带给你真正需要的方向感。

# 每天向目标前进一些，终将成功

现今社会，好高骛远、不脚踏实地是很多年轻人的通病。这些年轻人是思想上的巨人，行动上的矮子，信誓旦旦决定做一件事，但到实施的时候，却做不到一步一个脚印，每天朝目标迈一步。要知道，任何事情的成功都不是一蹴而就的，需要我们做出一点一滴的付出。小事成就大事，在每件小事上认真的人，做大事一定成绩卓越。西点教官培养学员，很多就是从小事上开始的。比如：

背诵“新生知识”是西点训练中一个行之久远的办法。这套冗长固定的“新生知识”，除了记住会议厅有多少盏灯、蓄水库有多大的蓄水量之外还包括日程。新生必须背诵出当天相关的信息：包括日期、重要的运动或电影，一直到距离未来的重大活动还有多少天；最后的高潮是距离应届班的毕业典礼还有多久……

新生都要轮流站在走廊的时钟下面，大声清楚地报时：“距离晚餐集合还有五分钟。穿上课制服。我再重复一次，距离晚餐集合还有五分钟……”

报日程的时候如果有任何错误，学长都会过来质问，甚至给予新生最害怕的处罚……

每天这样的技能训练乍一看来微不足道，但长期坚持下来的作用却是非常巨大的，它能够使学员练就非凡的记忆力和认真细致关注细节的良好习惯，它能够使学员在繁忙、紧张、紧迫、险恶的情况下无意识地、得心应手地应对各种问题。

现实生活中，很多满腔热血的年轻人，满怀理想，希望可以做出一番成就，但却做不到坚持，当发现自己离目标越来越远时，他们就会放弃。而事实上，成功往往都是一点一滴积累起来的。只要每天努力一点，就会积累得多一点，也就离成功更近一步。西点学生都明白这样一个道理：追求完美并不困难，就像擦鞋一样易如反掌。只要你学会了把鞋擦亮，对于更重大的事情，同样可以做到尽善尽美。西点努力训练学生养成追求完美的习惯，从而使这一习惯变成像呼吸一样的本能反应。

亿万富翁蒋建平就是通过每天卖盒饭慢慢积累资本而逐渐起家的，到2007年，就拥有了10亿元资产。小时候，蒋建平家境贫寒，只读到初中就辍学了。走出校门，蒋建平在粮管所当保管员。下岗后，接连两个月都没能找到工作，家里连买米的钱都是向父亲借来的。一天，饥肠辘辘的他，在一辆三轮车上花2毛钱买了盒米饭充饥。他从摊主的口中得知：卖盒饭很赚钱。他决定卖盒饭。

说干就干！蒋建平借了一辆三轮车开始卖盒饭。第一天，他和妻子忙碌了大半天，挣了110元。蒋建平看到了希望，整天骑着三轮车卖盒饭。由于他借来的三轮车没有执照，经常被城管没收，他只得既交罚款，又说好话。

蒋建平想开一家快餐店，由于没有多少资金，他只好在常州一个偏僻的地方租了一间房子。没人知道他的快餐店，他就散发小广告。就这样，他的盒饭事业开始快速发展。

蒋建平为什么能创业成功？听过这个创业故事，可能很多的青少年们都觉得很诧异，一个人通过卖盒饭发家？但这是一个真实的创业故事。越是贫苦的人，越容易在别人不屑一顾的地方发现机会，别无选择地干起别人眼中最卑微的工作，别人认为不值得一提的收入，让他感到无比兴奋；这种兴奋就是成就事业的强大动力。蒋建平的10多亿资产就来源于借来的一辆没有牌照的三轮车，来源于人们看不起的街头“盒饭事业”。

事实上，世上有很多适合白手起家的生意，只要你做一个有心人，就必能找到这样的生意。很多看似卑微的工作却正是最伟大的事业，卖拉链的、做纽

扣的都能跻身世界500强。贫穷的人，没有创业资金，可以从那些别人看不起的行业做起，可能一不小心，就会跨入世界500强之列。

衣食无忧的青少年们，是不是对自己所做的平凡的工作已经失去了激情，已经没有任何兴奋感？或者在抱怨自己总是没有机遇？“机遇是留给有准备的人”这句话是有道理的。美国篮球名将乔丹对此深有体会，他说：“机会是为有准备的人而准备的。抓紧所有的时间，让力量发挥到极致，那些斑斓多彩的机会，一个个就会来到这些人面前了。”

可见，一个没有牺牲精神、不懂得付出的人永远不会得到成功的机会。成功的秘密在于，当机遇来临的时候，你已经做好了把握住它的准备。聪明的人总是一方面从事手头的工作，一方面注意捕捉着取得突破或成功的时机，当时机没有成熟的时候，他积蓄力量或者寻找出路，一旦时机成熟就顺应形势或潮流，促成自己的事业达到顶峰。也就是说，比别人多付出一份努力，就意味着比别人多积累一份资本，意味着比别人多创造一次成功的机会……它也许就会改变你的一生。只有进行优势积累，才能得到机遇的青睐。

## 西点启示

生命不息，奋斗不止，应该是每个人生存的原则，要捕捉机遇，就要积极进取，时刻准备。

这一启示告诉正在奋斗的青少年们，从现在起，不要荒废时间了，不妨每天从以下几个方面努力：

1．重视生活中的每一件小事

有人问洛克菲勒：“成功的秘诀是什么？”他说：“重视每一件小事。我是从一滴焊接剂做起的，对我来说，点滴就是大海。”

2．修饰你做事的每一个细节

世界上许多伟大的事业都是由点点滴滴的细节小事汇集而成的。在小节上能够表现好的人，他在成功之路上一定会少出许多漏洞。相反，如果一个人不能关注细节问题，往往会因小失大，自毁前程。完美的细节代表着永不懈怠的处世风格，也是一个人追求成功的资本。

3．做好积累，发现机遇

青少年们，首先你要明白一个道理：没有小，就没有大；没有低级，就没有高级。每天那些点滴的小事中都蕴含着丰富的机遇，伟大的成就都来自每天的积累，无数的细节就能改变生活。

# 让伟大的理想激发无限的潜能

人的潜能是人的能力中未被开发的部分，它犹如一座待开发的金矿，蕴藏无穷，价值无比。一个人最大的成功，就是他的潜在能力得到最大程度的发挥。但这一前提是，潜能只有和伟大的理想联合在一起，才能发挥作用。初入社会的青少年们，朝气蓬勃，无不怀着远大的理想，并希望能做出一番事业。你们应以此理想为动力，点燃自己的热情，并正确地认识潜能，充分地发挥它，勇敢地激活它。

现代心理学所提供的客观数据让我们惊诧地发现，绝大部分正常人只运用了自身潜在能力的 10%。著名作家柯林·威尔森也说过：“在我们的潜意识中，有一种‘过剩能量储藏箱’，存放着准备使用的能量，就好像存放在银行里个人账户中的钱一样，在我们需要使用的时候，就可以派上用场。”可以这么说，每个人都有一座“潜能金矿”等待被挖掘。我们每个人尤其是年轻人，身上的潜能是无限的。优秀人物既需要天分，也要靠后天的努力。人不经过良好的教育培训即使有再好的天资也会被埋没。

“给我任何一个人，只要不是精神病人，我都能把他训练成一个领导人。”西点前任校长潘模将军如是说。西点相信，并不是只有少数人天生具有领袖的特质，而是每个人都具有成为领袖的潜力。虽然很多人普遍认为，领导才能是天生而非后天养成的，但西点军校却始终不渝地坚信每一个学员都能成为优秀的人才并为此而躬行不辍。

可能很多青少年会认为，我不够聪明，我天生愚钝等，我怎么可能会成

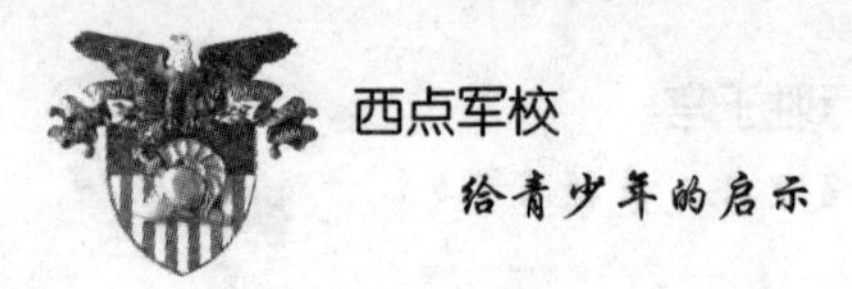


功？在这种心态下，他们甘愿庸庸碌碌，即使自身蕴藏着无限的潜能，也只能被埋没。而实际上，人与人在智力上，并没有多大差异。

爱因斯坦是举世公认的20世纪的巨匠。他死后，科学界对他的大脑进行了一番研究。结果表明，他的大脑无论是体积、重量，还是构造或脑细胞，与同龄的其他人一样，没有区别。

的确，我们绝大多数人在降临人世时，条件都是相同的，并无优劣之分，后来由于受到不同环境、不同人生经历的磨炼，给予大脑不同程度的刺激，才产生了人与人之间的差异。

曾经有个美国人，他的名字叫史蒂文，和很多残疾人一样，他之所以坐上轮椅，是因为一次意外。20年的轮椅生活已经让他觉得自己的人生没有了意义，喝酒成了他忘记愁闷和打发时间的最好方式。可是，他的命运却在某天发生了意想不到的变化。

有一天，他从酒馆出来，照常坐轮椅回家，却碰上3个劫匪要抢他的钱包。

他拼命呐喊、拼命反抗，被逼急了的劫匪竟然放火烧他的轮椅。轮椅很快燃烧起来，求生的欲望让史蒂文忘记了自己的双腿不能行走，他立即从轮椅上站起来，一口气跑了一条街。事后，史蒂文说："如果当时我不逃，就必然被烧伤，甚至被烧死。我忘了一切，一跃而起，拼命逃走。当我终于停下脚步后，才发现自己竟然会走了。"

现在，史蒂文已经找到了一份工作，他身体健康，与正常人一样行走，并到处旅游。

## 西点启示

大自然赐给每个人以巨大的潜能，但由于没有进行各种智力训练，每个人的潜能从没得到过淋漓尽致的发挥。人的潜能往往就是通过强力激发出来的。人人都是天才，至少天才身上的东西都有可能在普通人身上找到萌芽。

这一启示告诉青少年们，只有树立理想，点燃激情，才能激发出无限的潜能。为此，你需要做到以下几点：

1. 重新审视自己，找出自己的闪光点

每个人都有与众不同的地方，可能这些不同的地方会因为日常那些繁琐的事情而被掩盖，那么，从现在起，不妨停下脚步想想，你是不是在某些方面比别人更有天赋呢？如果有，就不要盲目奋斗了，重新审视自己，从自己最擅长的事情做起，你会省力、省心很多！

2. 重新唤醒自己的梦想

每个青少年的心中，都有一个属于自己的梦想，但出于各种原因，可能这些梦想会逐渐被磨灭。但你是否发现，正是因为你失去了梦想，你才会显得无力，没有热情。任何人的潜能只有经过一个巨大的推力，才会被最大限度地激发出来。因此，不要犹豫了，为理想奋斗吧，你的人生会别样精彩！

# 心动就要行动，方可与众不同

我们知道，任何伟大的理想不经过实践和行动的证明，都将是空想。说一尺不如行一寸，只有行动才能缩短自己与目标之间的距离，只有行动才能把理想变为现实。成功的人都把少说话、多做事奉为行动的准则，通过脚踏实地的行动，达成内心的愿望。初入社会的青少年们，纵有满腔热血和理想，如果不行动的话，都将与成功无缘。年轻的你如果不行动而任凭时间流逝的话，恐怕只能慨叹“逝者如斯夫，不舍昼夜”，并将一事无成！

西点十分强调行动的作用。停留在想法的阶段永远不可能有所成就，只有立即行动才能获得成功。1973年，布雷德利获得塞耶奖发表演讲时，就反复要求西点学员要学会实在地行动，决不迟到、决不拖延。

在西点的游泳救生训练中，有些学员们最害怕的动作：穿着军服、背着背包和步枪，从近10公尺的高台上跳下游泳池，然后在水中解开背包，脱掉皮鞋和上衣，把这些东西绑在临时的浮板上。尽管每一个动作，学员们事前都反复演练过，但是真到了要往下跳的那一刻，大部分学员还是会迟疑，走到跳板尽头之后就会停下来。当然退缩是决不允许的，否则将被勒令退学。所以，尽管犹豫，最终还是行动起来，纵身一跃。

相信这成功一跃之后的兴奋之情是无法言喻的。行动产生了信心，行动才有一切。立即行动，而不是寻找任何的借口逃避，这样的人才能最终赢得胜利女神的垂青。洛克菲勒曾说：“不要等待奇迹发生才开始实践你的梦想。今天就开始行动！”行动就是执行力，这一点，估计很多青少年都知道。当你树立

了一个理念后，就要立即执行，不要恐惧，不要拖延，否则，成功的机遇就可能在瞬间流走。生活中，那些成功人士都有个共同的特点，那就是敢作敢为，而非迟疑不定。乐安居董事长张庆杰就是以700元起家成为亿万富翁。

读完小学，张庆杰就开始赚钱。刚开始，他靠卖水果补贴家用。1987年，张庆杰带着700元到深圳淘金。来到深圳，他仍然卖水果。他骑三个小时单车到深圳南头批发香蕉，再到人民桥小商品市场去卖，一天能挣几块钱。

一天，听一位老乡说，深圳有很多村民到香港种菜，每天都会捎回一些味精、无花果等。这些东西利大又好卖。张庆杰感到这是个赚钱的门路。于是，说干就干，他开始走村串户收购无花果、衣服、袜子等，再拿到市场去卖。由于本钱少，张庆杰买回的东西不到一小时就卖完了。他想出一个办法：东西一脱手，他就马上再去收购，然后再卖…… 1987年，他赚到了16000元。有了这笔钱，他开始摆地摊。后来，他经营过服装，又从服装业转向珠宝业，事业开始大发展。

可能很多青少年会问，用700元能做什么？但这个问题也只有在实践和行动中才能找到答案，张庆杰也是这样做的，他从自己最熟悉的水果生意做起，艰苦奋斗，积累资金，寻找机会。

张庆杰的做法很值得我们借鉴。在行动开始之前，不要想得太多，成功的道路是闯出来的，不是设计出来的，你只需带着一颗努力的野心上路就可以了。最有价值的思想是在实践中产生的，不是在开始行动之前产生的，在行动的过程中要勤于思考，勤于寻找机会，果断地把自己的思想变成行动。同样，生活中，当我们拥有一个理想或计划后，就要果断执行，不要给自己太多借口左思右想而延误行动。

孟列是个保险推销员，他非常喜欢打猎和钓鱼。有一天，当他依依不舍地离开心爱的鲈鱼湖，准备打道回府时突发异想：在这荒山野地里会不会也有居民需要保险？他可不可以沿铁路向这些铁路工作人员、猎人和淘金者拉保呢？

孟列在想到这个主意的当天就开始筹划。他向一个旅行社打听清楚以后，很快整理行装。他不肯停下来让恐惧乘虚而入，因为在他看来，自己吓自己会使自己的主意变得荒唐，导致它可能失败。他也不左思右想找借口，他上船直接前往阿拉斯加的“西湖”。

孟列沿着铁路走了好几趟，那里的人都叫他“走路的孟列”，他成为那些与世隔绝的家庭最受欢迎的人，不只因有人愿意跟他们打交道，还因为他是第一个来向他们推销保险的人。

在孟列把突发的一念付诸行动以后，一年之内就做成了百万元的生意，因而赢得“百万圆桌”上的一席地位。

从孟列的成功故事中，我们更加验证了一个道理，立即执行是成功永远不变的法则，只有行动才是成功的保证，不要给自己停下来左思右想的机会，更不要驻足，勇敢往前走，成功就在前方！

## 西点启示

成功者并不一定要在行动前就解决好所有的问题，而是在遭遇困难时能够想办法克服。做好每件事，既要心动，更要行动。想得好是聪明，计划得好更聪明，做得好是最聪明。

青少年们，从现在开始就行动起来吧，你们可以从下面这两个方面努力：

1. 不要迟疑

每个人都害怕失败，于是，人们在执行之前，都会迟疑，而实际上，正是因为迟疑，人们开始恐惧、左思右想，最终被恐惧打败而不敢执行。在任何一个领域里，不努力去行动的人，就不会获得成功。世上没有任何事情比下决心、立即行动更为重要，更有效果。

2. 不要拖延

懒惰是现代社会中很多青少年共同的缺点，他们总是为自己的懒惰找借口，而正是因为如此，他们最终也丧失了很多成功的机会。因为人的一生，可以有所作为的时机只有一次，那就是现在。

因此，青少年们，现在就去执行吧，只有行动才能使人变得更成熟！

# 天上不掉馅饼，为梦想创造机遇

“机遇是留给那些有准备的人”，但同时，机遇也是需要我们主动创造的。那些甘于沉沦和平庸的人最终会沉沦和平庸下去，而那些主动执行、善于创造机会的人，则从最平淡无奇的生活中找到微小的机会，他们用自身的行动改变了他们的处境。生活中，一些青少年总是抱怨命运不公，得不到机遇的垂青，而实际上，你们这是在坐等机遇，而不是创造机遇，守株待兔通常会让机遇从身边溜走，梦想也就会随之成为泡影。

机遇垂青于勤奋博学的人。西点著名将领艾森豪威尔就是这样的一个典型。机遇是他能够成为欧洲盟军最高统帅的重要因素。而他能赢得这样的机遇，与其勤奋好学和杰出的才能有着相当密切的关系。

这一年，马歇尔打算挑选一人出任作战计划处副处长。陆军总司令部副主任克拉克回答说：“我推荐的名单上只有一个人的名字。如果一定要十个人，我只有在此人的名字下面写上九个‘同上’。”这个人就是艾森豪威尔，他因才能出众而备受克拉克器重。

到作战处后，艾森豪威尔工作踏实，很有作为，因为一份出色的报告，使得他被越级提升。这份出色的报告，显露出他才华横溢，具备了非凡的军事才能，因受马歇尔的推荐而出任美国驻伦敦的欧洲战场司令。这成为艾森豪威尔军事生涯中最为重要的转折。

艾森豪威尔后来曾说过：“运气对一个人派职，在适当的时间处于适当的地点等方面都起着重要的作用。”

人的一生机遇至关重要。但如果不努力，不提高自身素质，则机会很难降临。从艾森豪威尔的身上，可以得到这样的启示：机遇总是垂青于勤奋刻苦而博学多才的人。

青少年们，可能平凡的你明白，天下不会掉馅饼，你也知道需要努力，需要为机遇积累实力，但这不是一句空话，更需要你们付诸实践。

建筑界亿万富翁吕双辉22岁时来到深圳闯荡，在5 年的时间里，他只解决了自己的温饱问题，没有积攒下什么钱。1984年他来到新疆，在一个建筑工程队当木工。他手艺好，干活勤快，又肯动脑子，深得老板器重；工友们认为他的存在对他们的饭碗构成了威胁，总是想方设法地刁难他，最后竟然将吕双辉的住所洗劫一空。

一无所有的吕双辉又回到深圳。由于他为人忠厚，一个客户把70平方米的私人建筑承包给他。可吕双辉一没有设备，二没有人员，三没有资金。怎么办？他以自己的信誉做担保，以100元一条的高价从一家小店赊出“三五”牌香烟，又以60元一条的低价卖给另一个小卖部，得到现金。有了钱，他就能购买原材料，租用设备，招聘工人。他说：“其实，当时我一分钱也没有赚到，还赔进自己的工资；不过，我就是靠这个起家的。”然后，他又用“高进低出”的方法倒卖大米，得到了更多的流动资金。工程完成后，客户认为吕双辉讲究信誉，工程质量好。于是又为吕双辉介绍了两项工程。到1986年吕双辉创立了自己的建筑队。

可能很多青少年会产生疑问：绞尽脑汁地寻找资金，辛辛苦苦地干活，工程质量很好，却“一分钱也没赚到”。吕双辉究竟为了什么？很简单，这是一种创造机遇的方法，也就是给自己做广告！虽然没有赚到钱，却赢得了客户的信任，构建了自己的信誉，为自己的发展铺平了道路。信誉比赚钱更重要。

从吕双辉创业过程中，我们可以得知，不要忽视我们现在做的小事，这不是无用功，而是厚积薄发，等待机遇一举成功。当然，在机遇面前，更需要我们懂得把握。

有位在澳大利亚的留学生，有一天在唐人街找工作的时候买了份报纸，

看见报纸上刊出了澳洲电讯公司的招聘启事。这个留学生的各项条件都比较优秀，因此，很快，他就在众多应聘者中脱颖而出了。留学生原以为会马上签约，但不承想招聘主管却出人意料地问他：“你有车吗？你会开车吗？我们这份工作时常外出，没有车寸步难行。”这名主管提出的问题是很合理的，因为在澳大利亚，公民普遍拥有私家车，无车者寥若晨星，可这位留学生初来乍到还没有能力买车，也没有学车。为了争取这个极具诱惑力的工作，他不假思索地回答：

“有！会！”

“4天后，开着你的车来上班。”主管说。

4天内要买车、学车谈何容易，但为了生存，留学生豁出去了。他在华人朋友那里借了500澳元，从旧车市场买了一辆外表丑陋的“甲壳虫”。

第一天他跟华人朋友学简单的驾驶技术；第二天在朋友屋后的那块大草坪上模拟练习；第三天歪歪斜斜地开着车上了公路；第四天他居然驾车去公司报了到。时至今日，他已是“澳洲电讯”的业务主管了。

生活中的青少年们，遇到这位留学生这种情况，可能就会自动放弃应聘机会，因为不会开车。可这位留学生则不同，他的这种思维方式很值得现在的年轻人学习。

机遇无处不有，无处不在，关键是看你能否把握住。偶然的机会只对那些勤奋工作的人才有意义。成功的秘密在于，当机遇来临的时候，你已经做好了把握住它的准备。时刻准备着，当机会来临时你就成功了。为此，青少年们，你们需要谨记以下两点：

1．做好积累

你生活在一个充满机遇的世界里，只要你加强知识的积累，拥有敢为天下先的创造意识和勇气，把握时机，那么你就会获得事业上的成功。每次陷入绝境都是一次挑战，只要坚持一下，总有一天你会成功！

2. 用心发现机遇

现实生活中的一些机遇，是要用心去发现的。如果忽视了它，这种机遇可能就毫无意义。而那些主动执行、善于创造机会的人，会从最平淡无奇的生活中找到微小的机会，会用自身的行动改变自身的处境。

# 大胆地编织理想，切莫认为“不可能”

年轻就是力量，就是希望，这句话不假，无论做什么，即使失败了，还有机会重新开始。但现代社会，很多青少年生活在被父母长辈们编织的梦中，对于自己的人生、事业，似乎都有点畏首畏尾，不敢下决心。即使自己有梦想，也因为害怕失败而不敢尝试。长此以往，他们也只能甘愿庸庸碌碌过完自己的一生。

“没有什么不可能”是美国西点军校传授给每一位学员的工作理念。它强化的是每一位学员应积极动脑，想尽一切办法，付出艰辛的努力去完成任何一项任务。正是这种理念，培养了一代又一代真正的男人，他们带着无所畏惧的心态、冲破层层阻力，走出了西点，走向了各行各业的巅峰，取得了令世人瞩目的成绩。

青少年们，如果你想成为一个男子汉，就要大胆地编织自己的梦想。没有什么不可能，只有不敢想、没有不敢做的事；任何成功都是从一个简单的观念出发的。在西点军校校园里，就很少听到“我不行”的话。在工作、学习中，一旦上司有要求，你必须回答“我一定做到”、“我能行”，最起码也要回答“我执行”或“是”。

西点军校教官鲁斯对学生这样说：“没有办法或不可能对你没有任何好处，它只能使事情画上句号，所以请马上去除这样的想法。而总有办法对你有好处，它使事情有突破的可能，所以应该把它加入到你的大脑中。”要相信自己，肯定自己，别人能做到的，你也一定能做到。只要有无限的热情，几乎没有一样事情不可能成功。

福特汽车公司的创始人亨利·福特决定生产V8型引擎。这是一个创造性的想法，在当时，连底特律最杰出的工程师都认为这是不可能的。但亨利·福特下决心无论如何也要生产出这种引擎。他对那群一筹莫展的工程师们说："只要去做，没有什么是不可能的。"

一年很快就过去了，工程师们几乎试了所有办法，就是无法攻破技术难关。他们找到福特再一次强调"这事根本不可能实现"。但福特并没有灰心，他命令工程师们继续去做。

半年过去了，工程师们做了成千上万次的实验，回答结果仍然是："根本行不通！"

"继续做，放心做下去。普通人看似不可能的事情最有价值可做，我不是普通人，你们也要超越普通人。"福特仍然没有放弃。

又一年时间很快就过去了，工程师们还是没有任何进展。"继续做，"福特执着而坚定地说，"我就是要八缸引擎，一定要做到！无论如何要做到。"

终于，奇迹出现了，他们找到了诀窍，最终设计出了V8型引擎。"简直太不可思议了，我们成功了。"当工程师们击掌庆贺时，亨利·福特也露出了欣慰的笑容。

在很多人看来，生产这种V型引擎完全是不可能的，但福特却不这么认为，他认为"只要去做，就没有什么不可能"，而实际证明，他的话是正确的。

的确，生活中，很多青少年充满理想，但一旦把自己的理想和现实联系起来的时候，就认为不可能，而这种"不可能"，一旦驻扎在心头，就无时无刻不在侵蚀着我们的意志和理想，许多本来能被我们把握的机遇也便在这"不可能"中悄然逝去。其实，这些"不可能"大多是人们的一种想象，只要你能拿出勇气主动出击，那些"不可能"就会变成"可能"。

工程学家乔治·格林说："不可能只存在于你的心中，只要你能超越自

己的心理极限，你会发现做什么事情都会游刃有余。正是这一点成就了百年西点。”生活中的许多“不可能”大多是人们的一种想象，只要能拿出勇气主动出击，那些“不可能”就会变成“可能”。

青少年们，不可能只存在于你的心中，如果你具备敢想这种品质，那么，不管你现在处于怎样的境地，你也能把“不可能”变成“可能”，你也可以成为一个成功的人。为此，你需要明白以下两点：

1. 对自己要有信心

很多时候，不是因为有些事情难以做到，而是因为你没有信心。只要你有信心，没有什么事是不能做到的。把“不可能”从你的词典中删去吧，即使我们真的碰到了“不可能”，也应该这样想：“不是不可能，只是暂时还没有找到解决问题的方法。”在成功者的眼里，越是不可能做到的事，越可能成功。

2. 面对问题，再坚持一下

当你遇到难题或困难时，永远不要让“不可能”束缚自己的手脚，有时只要再向前迈进一步，再坚持一下，也许“不可能”就会变成“可能”。而成功者之所以能成功，就是因为他们对“不可能”多了一份不肯低头的韧劲和执着。

# 不怕梦想太大，只怕中途退缩

古人云："有志者，事竟成，百二秦关终属楚；苦心人，天不负，三千越甲可吞吴。"这句话的意思是说，只要我们坚持到底，无论梦想多大，都有实现的可能。我们常常发现有许多人在做事最初都能保持旺盛的斗志，然而，往往到最后那一刻，顽强者能咬紧牙关坚持到胜利；而懈怠者在这时放弃了希望，失去了自己应得的成功。

现实生活中，一些青少年包括很多年轻人，他们满腔热血，本想闯出一番事业。而当这一雄心壮志和现实产生冲突时，他们就开始退缩，不敢再往前一步。而这样，是不可能收获胜利果实的。现实案例告诉我们，百分之九十的失败者其实不是被打败，而是自己放弃了成功的希望。对于有志气的人来说，不论面对怎样的困境、多大的打击，他都不会放弃最后的努力。因为成功与不成功之间的距离，并不是一道巨大的鸿沟，它们之间的差别只在于是否能够坚持下去。

在西点军校两百多年的辉煌历程中，培养了众多的美国军事人才，还有更多的人成为了美国的政治家、企业家、教育家和科学家。是什么使西点取得如此骄人的成绩？是什么使西点毕业生成为成功者的代名词？《哈佛商业评论》曾指出："西点军校对学生的要求：准时、守纪、严格、正直、刚毅，在一些工商管理学专家看来，正是21世纪企业管理者所必备的。"在众多的优秀品质中，坚持是西点教给学生的最重要的品质之一。

从西点毕业的成功人士，无不具备坚持不懈的品质。在军校里，严格的纪律是培养他们坚持不懈意志的辅助力量。走出校门，军人的特质使他们在各自

的行业里，奋力拼搏，成为佼佼者。当困难来袭时，他们能够比普通人拥有更快的反应速度，拥有更强的忍耐力和坚毅力。从不放弃，坚持不懈，是他们走向成功的保证。谭焕臣用4年的时间，从一个打工仔变成了华邦广告公司的总经理。就充分说明了坚持到底就是胜利的这个道理。

大学毕业后，谭焕臣与好友开了一家电脑装配店，生意兴隆。他们用赚到的钱和一笔贷款，开了一家电脑超市。刚开张，生意就很好。正当他们准备大展宏图之时，业务经理卷走了所有的钱，两个小富翁一下子变成了无产者。

谭焕臣和朋友到海南去找工作，可是一连几天，都没能找到工作。两人的全部“家产”只有4元8角。他们用8毛钱买来一袋方便面合着吃。吃完面，朋友决定回家。于是两人“分家”，每人2元。朋友用2元钱给家人打电话，要家人给他寄钱。

谭焕臣怀揣2元钱去寻梦。中秋节那天，谭焕臣用2元钱买了张应聘表。他要求的待遇不丰厚，职位不高（业务员），因此找到了工作。他对这份工作异常珍惜，潜心研究公司近两年的业务表，以寻找最主要的客户，殚精竭虑地琢磨干好工作的方法，很快就在公司崭露头角。

谭焕臣说：“其实成功很简单，就是当你坚持不住的时候，再坚持一下。”的确，“当你在坚持不住的时候，再坚持一下。”这就是成功的秘诀！可能很多青少年会认为，2元钱能做什么？2元钱怎么可能做到创业？但事实上，谭焕臣就做到了。只要你能在看似山穷水尽的时候，坚持住，不放弃梦想，那么，和谭焕臣一样，2元钱就是创业的资本，就是追梦的资本。如果你不能再坚持，抛弃野心，这2元钱就是把你拖回穷人堆里的运费。

要问成功有什么秘诀，丘吉尔在西点军校讲演时回答得很好：“我的成功秘诀有三个：第一是，决不放弃；第二是，决不，决不放弃；第三是，决不，决不，决不放弃。”

被拒绝了1000次之后，还敢去敲1001次门的席维斯·史泰龙就是靠毅力走向成功的。他在未成名之时，身上只有100美元和一部根据自己悲惨童年生活写成的剧本《洛奇》。于是他挨家挨户地拜访好莱坞的电影制片公司，寻求演出的机会。当时好莱坞总共有五百家制片公司，史泰龙逐一拜访过后，没有任何一家公司愿意录用他。史泰龙面对五百次冷酷的拒绝，毫不灰心，回过头来，又从第一家开始，挨家挨户地自我推荐。第二轮拜访，好莱坞的五百家公司，仍然没有一家肯录用他。史泰龙没有放弃希望，他把1000次的拒绝，当做是绝佳的经验。接着他又鼓励自己从1001次开始。后来又多次上门求职，总共经历了1855次的拒绝，终于有一家电影制片公司同意采用他的剧本，并聘请他担任自己剧本中的男主角。

电影《洛奇》一炮打响，史泰龙成了超级巨星，美国新一代的英雄偶像。

史泰龙的成功，更加证实了坚持的道理。任何理想，行动固然重要，但坚持在追梦的过程中更为重要，青少年们，你永远都不要放弃心中的希望，如果遇到困难，要把它当成人生的考验，不要在困难面前茫然退缩，更不要不知所措迷失自己，满怀希望地为自己的梦想而努力，相信终有一天，你会走出低谷，走向光明。

## 西点启示

对于一个人来说，成功的信念和积极的心态比什么都重要。只有这样，你才能在困难中坚持，在坚持中成功。世界上最伟大的人，通常也是失败次数最多的人。面对各种不利状况，只要有一点点成功的可能，就要永不放弃。

这一启示告诉青少年们，从现在起，多一份坚持的决心吧，为此，你要做到以下两点：

1. 毫不松懈，冲刺到最后一刻

世界上的事情就是这样，成功需要坚持。裁判员并不以运动员起跑时的速度来判定他的成绩和名次，要取得冠军，就必须坚持到底，冲刺到最后一刻。如果有丝毫松懈，就会前功尽弃。

2. 不因一时的挫折停止尝试，再坚持一分钟

逆境中能找到顺境中所没有的机会。处于逆境，陷于困苦时，更要学会坚持，不要轻易气馁和放弃。只要坚持一分钟，就可能迎来光明。

# 让必胜的信念引导自己走向胜利

我们经常说，梦有多大，舞台就有多大，这就是信念的力量。但任何梦想和信念，只有在屹立不倒的情况下，才会产生作用，才会指引我们走向胜利，这就是必胜的信念。现代社会的青少年们，几乎都是在家长的呵护甚至是溺爱下长大的，对失败和挫折的承受力有限，在挫折和失败面前，他们很容易放弃信念和理想，他们看到的是最终失败的结局而不是成功，在这种错误观念的支配下，又怎么能过五关斩六将、最终赢得成功呢？我们不妨学学西点军校的学员们是如何看待信念的。

西点人相信信念的力量。西点军校品格教育的一个突出点，是军校一直大力灌输培养的竞争意识、取胜精神和必胜态度。西点的教官们十分注重在平时的训练中对学员强化“一定能成功”、“任务一定能完成”之类的信念。他们相信，通过这类信念在学员心中的不断强化，学员会产生一种无论如何也要完成任务，赢得胜利的力量。

但凡西点军校和其他学校有任何体育竞赛不论田径、游泳、划艇还是各种球类比赛，全校上下一律同仇敌忾。从来没有人敢说西点军校要在某时某地与某某队比赛，而是一律宣称：“西点军校队将要在某时某地打败某某队。”连失败的任何可能性，都从语言里剔除掉了。

因此，生活中的青少年们，如果你要想改变自己，一定要先改变信念。命运的改变首先从信念开始。在陷入困境时，与其苦苦等待，不如点燃自己手中仅有的信念的“火种”，去战胜黑暗，摆脱困境，为自己创造一个光明的前程。巴甫洛夫曾宣称：“如果我坚持什么，就是用炮也不能打倒我！”

推销大师吉拉德的成功，就是源于他那种必胜的信念。

小时候吉拉德的父亲总是给他灌输一种消极的思想——“你永远不会有出息，你只能是个失败者。”这些思想令他害怕。而吉拉德的母亲却相反，她给他灌输的是一种积极的思想：对自己要有信心，你绝对会成功的，只要你想成为什么，你就能做到。从父母那里，吉拉德时时感受到两种相反的力量，这两种力量一方面令他害怕，另一方面却让他产生信心。而最终，正是母亲传输给他的这种积极的思想，让他实现了自己的梦想。

小的时候，推销大师吉拉德成天沿街卖报，在酒吧里替人擦鞋，还做过洗碗工、送货员等。长大后做过电炉装配工和住宅建筑承包商，曾经换过许多个工作，但没有一个能做出成绩的，也就是说35岁以前，他是个彻底的失败者。

后来，有朋友介绍吉拉德去一家经销汽车的公司，推销经理哈雷先生起初很不乐意。

“你曾经推销过汽车吗？”他问道。

“没有。”

“为什么你觉得自己能够胜任？”

“我推销过其他东西——报纸、鞋油、房屋、食品，但人们真正买的是我，我推销自己，哈雷先生。”

吉拉德已经重建了足够的信心，吉拉德并不在意自己已经35岁，也不在乎人们所认为的推销是年轻人干的这个观念。

哈雷笑笑说：“现在正是严冬，是销售淡季，假如我雇用你，我会受到其他推销员的责难，再说也没有足够的暖气房间给你用。”

生存的威胁已经使吉拉德变得更加坚强。“哈雷先生，假如你不雇用我，你将犯下一生最大的错误。我不要暖气房间，我只要一张桌子、一部电话，两个月内将打破你最佳推销员的纪录。”吉拉德信心十足，但实际上他并没有把握。

哈雷先生终于在楼上的角落给吉拉德安排了一张满是灰尘的桌子和一部电话。就这样，吉拉德开始了自己新的事业。

哈雷先生无法相信，在两个月内，吉拉德真的实现了自己许下的诺言，他超

过了公司中所有推销员的业绩，还偿还了10万美元的债务，同时更买回了自尊！

吉拉德的推销故事再一次验证了西点人的观点：如果你要想成功，那你必须具有必胜的信念，这一点非常重要。信心能使人产生勇气。假使我们对自己都没有信心，世界上还有谁会对我们有信心呢？也就是说，一个人的信念是他一切行动的开始，也是他能否成功的重要因素。

威尔逊有句名言："要有自信，然后全力以赴！假如抱有这种观念，任何事情十之八九都能成功。"的确，初入社会的青少年们，你们有时候会是软弱的，可能你们一件事情还没做，便去考虑失败后的结果，这样，必然会导致内在潜能得不到充分的调动与发挥。要避免与摆脱这种心理上的失衡，就必须时时表现出一种强者的风范，敢于面对困难与挫折，并始终怀着必胜的信念去克服、战胜困难，坚定不移地朝着成功的目标迈进。因而有意识地培养自己的"强者"意识，可以说，这是度过心理危机的良方。

## 西点启示

信念是一种无坚不摧的力量，当你坚信自己能成功时，你必能成功。许多人一事无成，就是因为他们低估了自己的能力，妄自菲薄，信念能使人产生勇气。成功的契机，是建立自己的信心和勇气。

从这个启示中，青少年们，你们应该能感受到必胜的信念对于我们成长的重要性了，那么，从现在起，开始为我们的信念奋斗吧，你可以从以下两个方面努力：

1. 假想自己是个成功者，以此获取良好的心理状态

这样，你就会激发出极大的热情和自信去面对前进道路上遇到的种种艰难险阻。虽然你还未成功，但这种自我造就的心理成就感会促使你朝着成功的目标迈进。

2. 给自己打气，确信自己的信念

任何时候，都要自己给自己打气，确信自己的看法。心中默念：我想我可以，我可以坚持下去。冲破一切艰难，不要让你的目标消失在你的信念里，一直打气，把眼前的事情一件一件地做好，那么，你就能一直以良好的状态达到目标。这其中的过程，一直需要有必胜的信念在引领。

# 理想超前一些，行动就会领先一步

古之立大事者，不仅仅有雄韬大略，更有一个指导行动的信念和理想；理想是指导行动的，也就是说，如果我们想让行动领先一步，理想就必须超前一些。喷泉的高度不会超过它的源头；一个人的成就不会超过他的信念。有信心的人，可以化渺小为伟大，化平庸为神奇。青少年们，如果你想活出一个不平凡的人生，如果你想成为一个成功的人，那么，从现在起，就尽早为自己树立一个足以为之奋斗的理想吧。让我们来看看西点军校在这方面是怎么训练学员的吧：

“没有不可能”是西点军校的又一个深入人心的理念，正是这句话，鼓舞了许多年轻人，朝着自己的理想迈进。对西点人来说，这个世界上不存在“不可能完成的事情”。西点军校的学员都懂得，当你相信自己能做出最好的成绩时，你的行动会更坚定，你的表现会更完美。不断挑战极限是每个学员的乐趣，超乎寻常的困境会让他们从中得到更大的锻炼。

美国钢铁大王卡内基，少年时代从英格兰移民到美国，当时真是穷透了，正是“我一定要成为大富豪！”的信念，使他于19世纪末在钢铁行业大显身手，而后涉足铁路、石油，成为商界巨富。洛克菲勒、摩根也都是满怀欲望，并以欲望为原动力，成为资本主义初期美国经济的胜利者。

理想影响行动，行动影响结果，这是一连串的因果效应。想成功，自然也要有超前的理想和信念。

西点人重视荣誉，渴望通过胜利来获得荣誉，正是这样的信念支持着西点人追求胜利的脚步。

西点人的偶像拿破仑指着地图上一条小路问："如果通过这条路直接穿过去有没有可能"时，那些探寻过的工程师们吞吞吐吐地回答："可能行的……还是存在一定可能性的。""那就前进吧。"身材不高的拿破仑坚定地说，丝毫没有为工程师的弦外之音所动摇。谁都知道穿过那条道路的难度有多大，在此之前还没有人能够征服这座天然的屏障。

当英国人和奥地利人听到拿破仑想要跨过阿尔卑斯山的消息时，都轻蔑地报以无声的冷笑："那是一个从未被任何车轮碾过，也从未有过车轮能够从那碾过的地方。更何况他还率领着7万人的军队，拉着笨重的大炮，带着成吨的炮弹和装备，还有大量的战备物资和弹药呢？"然而就当被困的马塞纳将军在热那亚陷于疾困交加的境地时，拿破仑的军队犹如天兵一样出现了。一向认为胜利在望的奥地利人不禁目瞪口呆，军心大乱，他们几乎不敢相信，眼前这个不到1.60米的小个子竟然征服了高不可攀的伟大山峰。

你的成就大小，往往不会超出你理想的范围之外。拿破仑的军队，之所以能北伐成功，做出了别人从未有过的成就，就是因为拿破仑具备别人从未有过的想法——别人不敢做的，他敢想，也敢去做。同样，青少年，你在一生中不可能成就重大的事业，假使你不敢去想的话。

美国著名的田径选手卡尔·刘易斯在1984年洛杉矶奥运会开幕前就向新闻媒体透露，他立志要夺得4枚金牌并打破欧文斯数年前创造的"神话"。最终，他如愿以偿。所以，具备一个超前的理想，无论是从心理状态上还是实际行动上，你都会具备与众不同的优势，你也会发挥出极大的热情和自信去面对前进道路上遇到的种种艰难险阻。虽然你还未成功，但这种自我造就的心理成就感会促使你朝着成功的目标迈进。

几年前一个世界探险队准备攀登马特峰的北峰，在此之前从来没有人到达过那里。记者对这些来自世界各地的探险者进行了采访。

一位记者问其中的一名探险者："你打算登上马特峰的北峰吗？"他回答说："我将尽力而为。"

记者问另一名探险者："你打算登上马特峰的北峰吗？"这名探险者答

道：“我会全力以赴。”

记者问了第三个探险者同样的问题。他说：“我将竭尽全力。”

最后，记者问一位美国青年：“你打算登上马特峰的北峰吗？”这个美国青年直视着记者说：“我将要登上马特峰的北峰。”

结果，只有一个人登上了北峰，就是那个说“我将要”的美国青年。他想象自己到达了北峰，结果他确实做到了。

的确，信念上超前一些，行动上就会领先一步，成功的概率也就越大一些。成功的秘诀就是，当你渴望成功的欲望像你需要空气的愿望那样强烈的时候，你就会成功。

## 西点启示

并不是大多数人命里注定不能成为大人物，而是他们从来没有想过成为那样伟大的人物！是想要，还是一定要？一个人“不是一定要”的时候，连小石头都可能挡住他的去路；但是“一定要”的人，再大的障碍都挡不住他想要的结果！

从这个启示中，我们可以发现，一个人的行动是受理想支配的，为此，青少年们必须敢想，让自己的理想超前一些，你的行动就会领先一步，你可以从以下两方面作出努力：

1. 敢于想象，编织梦想

要成功，你必须要有强烈的成功欲望。任何一个人要想成功，就必须敢于想象，也就是你希望自己成为一个什么样的人。如果你每天浑浑噩噩，那么，你就只能注定是一个碌碌无为的人。

2. 下定决心，付诸行动

成功的第一个秘诀就是要下定决心。当一个人决定一定要的时候，他的潜能就可以真正被激发出来。否则，即使你的理想再超前，行动也始终是滞后的。

# 第2章

## 激励自己，非凡的信心令你前程似锦

——像西点军人一样充满勇气，打造人生

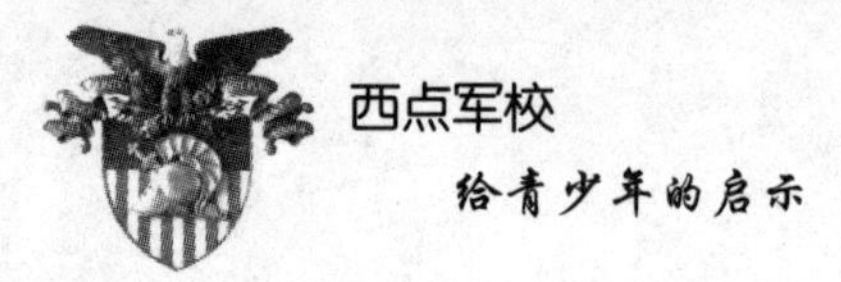


# 畏手畏脚，只会断送美好前程

现实生活中有很多这样的人，总是害怕做事时遇到各种各样的风险，于是就什么都不做，到头来，只会一事无成。他们害怕受苦和悲哀，结果自然会遇到了更大的痛苦和伤悲。毕竟很多事情失去了将不会再来，苦难并不会因为躲避而绕过你。每个青少年的成长都必须接受风雨的洗礼，一个真正的男子汉无畏于任何风险，他们要勇敢地拿出真本事，与命运搏击，也只有这样，才能够成为真正的强者。也许，躲在安乐窝里会感觉到暂时的安全。然而，风雨是每个人必须经历的。逃避的人，最终会被风雨掀翻安乐的小窝，独自在风雨中瑟瑟发抖。一个人越是畏首畏尾，不敢冒风险，其风险越大；越是敢于冒风险，他的风险率反而越低，成功率也就越高。

在一百多年的历史长河中，西点军校不仅培养了格兰特、罗伯特·李、艾森豪威尔、麦克阿瑟、巴顿、布莱德雷、施瓦茨科普夫等众多世人耳熟能详的世界名将，还为美国金融界造就了1000多名董事长、5000多名高级管理者。一所普通军校，为何能培养出如此众多影响世界的精英人物？抛开美国超级大国这架“巨型航母”无所不在的全球利益不论，单从军事教育入手，其背后蕴含着的诸多前沿理念就值得我们思索借鉴。

西点军校教学中十分推崇培养学员三种精神：从错误中学习和敢于犯错误的精神，敢于批判的精神，敢于“否定”或“革命”的精神。正是有这种容错和批判的精神，使得美军的军事科技、军事教育在各个历史时期的复杂竞争中，都保持着领先的地位。美军教学方法注重以人为本，尊重

学员的个性化发展，强调学员既是受训者，也是重要的教学资源。美军教学普遍采用开放式、讨论式、师生互动式的方法，注意调动学员学习的主动性，鼓励学员的自主创新精神。美国国防大学教学中集体授课、小组讨论、个人自学与体育活动分别占总课时的20%、45%、30%和5%，学员自主活动时间占到了80%。日常教育中，美军十分注重培养学员自我批判，大胆质疑、不断反思的素质。每一场战争后，美军就会设置不少战争反思的研讨内容，如越南战争“为什么没能觉察并对失败作出反应”、反恐战争“为什么美军赢得了战争的胜利却深陷战争的泥潭”等思考题。美军认为他们是世界上唯一一支允许下级对上级品头论足的军队，因而自诩“是一支经得起批评的军队”。

西点能培养出如此众多的精英，与其这种教育理念是分不开的，这种理念就是鼓励学员犯错误并积极地反思错误。每个青少年都知道，任何人都有趋利避害的心态，也就是说，人们都是害怕错误的，因为没有人希望自己在成功的路上走弯路。而正是这种心理的作用，使得人们畏首畏尾，不敢犯错，失去了许多学习和成长的机会。而相反，西点人则有容错和批判的精神，这就是为什么他们能在自己的领域中有如此成就的原因。

而生活中，很多青少年也渴望得到成功，渴望开创自己的事业，但每当考虑到会有失败的可能时，他们就退缩了。因为他们怕被扣上愚蠢的帽子，受到别人耻笑；他们不敢否认，因为害怕自己的判断失误；他们不敢向别人伸出援手，因为害怕一旦出了事情而被牵连；他们不敢暴露自己的感情，因为害怕自己被别人看穿；他们不敢爱，因为害怕要冒不被爱的风险；他们不敢尝试，因为要冒着失败的风险；他们不敢希望什么，因为他们怕失望……这种可能会遇到的风险，让那些不自信的青少年们畏首畏尾，举步维艰，他们茫然四顾，不知道自己的出路在何方，殊不知，人生中最大的冒险就是不冒险，畏首畏尾只会让自己的人生不断倒退。

## 西点启示

一个被自己的退缩态度所束缚的人，就像是丧失了自由的奴隶。一个不愿意冒风险的人，不敢有所主张的人，只会断送美好的前程。

为此，青少年可以从以下两个过程来克服这种畏首畏尾的心理：

1. 让“可能的最大威胁”在你的心理上化成“事实”，将害怕的内容引导出来

2. 接着去接受被攻击过的结果

当危险到来的时刻，流泪和躲避都是没有用的，只有坚强和勇敢地去面对才有出路。从现在开始，害怕风险的青少年们，不要再学鸵鸟掩耳盗铃，遇到危险时把自己的头插到沙土中而获得心灵的解脱了。实际上，即使失败了，最起码经历了这个过程，在内心深处也会感觉到欣慰，自己的人生又多一些令自己值得回忆的东西。

## 瑕不掩瑜，缺点不能抹杀掉强大的信心

俗话说：“金无足赤，人无完人”；能否接纳自己是衡量一个人心理状况是否积极和健康的一项重要指标。生活中，很多青少年因为自己的一些缺点而感到自卑，甚至一蹶不振。但你们没发现，如果一个人足够自信的话，这些缺点也是美的。西点军校毕业生、天才画家詹姆斯·惠斯勒说：“信心与意志是一种心理状态，是一种可以用自我暗示诱导和修炼出来的积极的心理状态！”

有一个这样的故事，是说从前有一个农夫有两个水桶，一个桶是好的，另一个桶有一条裂缝。农夫每次到河边挑水时，那个完好的水桶总是能把水满满地从河里挑回主人家里，而那有一条裂缝的桶每次回到主人家时都只剩一半而已，这时候有裂缝的桶就感觉到自己无比痛苦、自卑。有一天，有裂缝的水桶鼓足了勇气跟主人说：“我为自己每次挑到半桶水而惭愧和自卑。”农夫惊讶地说：“难道你没看到你那边长着茂盛美丽的花草，而另外的一边草木不生吗？你这可以让我一路上欣赏美丽的风景啊！”所以说我们不要因缺点自卑。瑕不掩瑜，缺点不能抹杀掉强大的信心。

美国西点军校在世界久负盛名，作为一所军校，它出色地完成了自己的历史使命。为美国培养培育了一代又一代名将和军事人才。西点军校自建校以来，有3700多人成为将军，2人成为美国总统（格兰特和艾森豪威尔）。令人意想不到的是：西点军校竟成为世界最大跨国企业集团的无数商界铁腕领袖的摇篮。世界任何一所名牌大学都没有培养出这么多优秀的经营管理人才。

这其中究竟存在怎样的奥秘？什么样的机制使西点军校学员成为军界精英

后又成为商界翘楚呢？论及西点的培养目标麦克阿瑟曾经如是说："我们需要的是战场上的狮子，要知道由一头狮子带领的一群羊将战胜一只羊带领的一群狮子。"那么狮子是怎样培养的？钢铁是怎么炼成的？其中，最重要的一点，就是每个学员都必须树立强大的信心。在信心的支持下，任何困难都阻挡不住我们积极向上的信念。

生活中的青少年们，你还在为自己的那点缺点而自卑吗？其实这是不对的想法。对于缺点，你不用苛求自己，更不用总觉得自己不如他人。自卑是一种心理障碍，不仅妨碍个人身体健康，而且影响个人思想、学习进步。一旦你的内心被自卑占据，你的人生也终将毫无色彩。西点军校的第一任校长乔纳森·威廉斯说："有时候，阻碍我们成功的主要障碍，不是我们能力的大小，而是我们的心态。"

人生在世，无论我们做什么事，如果紧紧盯着自己的缺点的话，那么，这将会成为我们愉快生活的最大障碍。减小自己的心理负荷，抛开一切得失成败，我们才会获得一份超然和自在，才能享受幸福、成功的人生。莱利斯·格罗夫斯说："没有人一生一帆风顺，任何人都会遭逢厄运。积极的心态和顽强的努力会让你解决任何难题。"

而实际上，没有人是毫无缺点的，只是在我们的内心，这个缺点所占份额大小，如果我们将缺点无限放大，那么，它将会腐蚀我们的心，阻碍我们成功；而如果我们能正视缺点，并在心理把缺点限制在一定的范围内，它就会成为我们努力和奋斗的催化剂，助我们成功。

1942年，史蒂芬·威廉姆·霍金出生于英格兰。很难想象，年仅20岁的他就患上一种肌肉不断萎缩的怪病，整个身体能够自主活动的部位越来越少，以致最后永远地被固定在轮椅上。可他并没有因此而中断学习和科研，一直以乐观的精神和顽强的毅力攀登着科学的高峰。

霍金毕业于牛津大学，毕业以后，他长期从事宇宙基本定律的研究工作。他在所从事的研究领域中，取得了令世人瞩目与震惊的成就。

在一次学术报告上，一位女记者登上讲坛，提出一个令全场听众感到十分

吃惊的问题：“霍金先生，疾病已将您永远固定在轮椅上，您不认为命运对您太不公平了吗？”

这显然是个触及伤痛难以回答的问题。顿时，报告厅内鸦雀无声，所有人都注视着霍金，只见霍金头部斜靠着椅背，面带着安详的微笑，用能动的手指敲击键盘。人们从屏幕上缓慢显示出的文字，看到了这样一段震撼心灵的回答：“我的手指还能活动，我的大脑还能思维；我有我终生追求的理想，我有我爱和爱我的亲人和朋友。”

报告厅里响起了长时间热烈的掌声，那是从人们心底迸发出的敬意和钦佩。

科学巨人霍金再次向每个自卑的青少年证明：即使你满身缺点，你还有可以引以为豪的优点，这些优点一样可以让你自信。当那些外在的缺陷你不能改变的时候，不要悲伤，也不要失望，而应该庆幸，那些成功的人他并非是完人，只是因为他们能依然微笑地面对。美国联合保险公司董事长克里蒙·史东说：“真正的成功秘诀是‘肯定人生’四个字，如果你能以坚定而乐观的态度，去面对一切困难险阻，那么，你一定能从中得到好处。”

## 西点启示

凡事想得太悲观，太绝望，眼中的世界将是一片灰暗；凡事心中乐观，眼中的世界也是一片光明。积极的心态，能够激发我们自身的所有聪明才智。一个人如果心态积极，乐观地面对人生，那他就成功了一半。

青少年们，从这一启示中，你需要明白以下几点：

1. 发挥自己的长处

人是在战胜自卑、建立自信的过程中成长的。天之生人，千差万别，但比较而言，人是各有所长，各有所短。你在做事的时候，一定要注意发挥自己的长处，避免自己的短处。如果你总是做不适合你的事情，老拿你的短处与别人的长处比，那你很容易产生自卑感，挫伤自己的信心。

2. 积极暗示

德国人力资源开发专家斯普林格在其所著的《激励的神话》一书中写道："人生重要的事情不是感到惬意，而是感到充沛的活力。""强烈的自我激励是成功的先决条件。"所以，学会自我激励，要给自己一个习惯性的思想意念。如果你在内心经常存有失败的念头，你便已经输掉了一大截。相反地，倘若你对自己充满信心，并具有主宰自我的意志与习惯，那么即使面对逆境，也能泰然自若。这种强而有力的信心，事实上便是来自于自信。换言之，自信是力量增长的源泉。

# 信心是助你成功的灵丹妙药

成功人士的首要标志，在于他的心态。一个人如果心态积极，乐观地面对人生，乐观地接受挑战和应对麻烦事，那他就成功了一半。我们必须面对这样一个不争的事实：在这个世界上，成功卓越者少，失败平庸者多。成功卓越者活得充实、自在、潇洒，失败平庸者过得空虚、艰难、猥琐。为什么会这样？仔细观察、比较一下成功者与失败者的心态，尤其是关键时刻的心态，我们将发现“心态”会导致人生迥然不同。因此，任何一个希望成功的青少年，都要努力树立起信心，让信心激励你一步步走向成功。

任何一个成功的西点人无不具备这一心理优势。在任何情况下，西点新学员都把自己造就成一个积极主动的人，这样才能受到学长的欢迎。亚布拉罕·林肯总统说过：“人下决心想要愉快到什么程度，大体上也就愉快到什么程度。你能够决定自己头脑中想些什么。你能控制着自己的思想。”在西点军校，学员可以把重压变为动力，并能够在重压下取得成绩。学员必须面对让人心惊胆战的大量功课、运动和军事活动。校方知道，在理论上有足够的时间来完成这些学业任务，他们已研究过这个问题。然而在实践上，学员学会了排定优先次序——什么得先做，什么可以稍稍放一下。不仅如此，他们渐渐明白，在混乱之中，他们唯一能控制的是他们自己。凯恩说，“火烧眉毛的时候，不用追问怎么去做，只管去做就行了。”

信心是一切行动的源泉，因为信心是一种积极的心态。一个人一旦建立信心，就会有顽强的意志和坚忍不拔的毅力、百折不挠的精神。有不少人在困难面前表现出的往往是唉声叹气，或怨天尤人，或自暴自弃，甚至毫无目的地四处宣泄，而缺乏战胜困难的勇气和坚持不懈的毅力，常常是跌倒了就再也站不起来。其实并不是没有站起来的能力，而是缺少站起来的自信心。

在推销员中，广泛流传着一个这样的故事：两个欧洲人到非洲去推销皮鞋。由于炎热，非洲人向来都是打赤脚。第一个推销员看到非洲人都打赤脚，立刻失望起来："这些人都打赤脚，怎么会要我的鞋呢？"于是放弃努力，失败沮丧而回。另一个推销员看到非洲人都打赤脚，惊喜万分："这些人都没有皮鞋穿，这皮鞋市场大得很呢。"于是想方设法，引导非洲人购买皮鞋，最后发大财而归。

这就是一念之差导致的天壤之别。同样是非洲市场，同样面对打赤脚的非洲人，由于一念之差，一个人灰心失望，不战而败；而另一个人满怀信心，大获全胜。

在人生的旅途中，一帆风顺、一路坦途的人是不存在的。关键是如何对待出现的困难和挫折。美国人杰·马丁在他的《强棒出击》一书中有这样一段话："虽然我们控制不了环境，却能控制积极的态度和思想，掌握了这个原则便能成功。"

有一位22岁的年轻人自从大学毕业后，一直找不到工作。尽管他有一张英国名牌大学新闻专业的文凭，但在竞争激烈的人才市场上，他却四处碰壁。

为了求职，他从英国本土的北方一直寻寻觅觅到首都伦敦，最后他走进了世界著名的《泰晤士报》的编辑部。

"请问你们需要编辑吗？"他十分恭敬地问。

对方看了看貌不惊人的他，说："不要。"

他又问："那需要记者吗？"

"也不要。"对方回答说。

"那么，排字工、校对呢？"他毫不气馁。

"都不要！"对方显然已经不耐烦了。

他却微微一笑，从包里掏出一块制作精致的告示牌，交给对方，说："那

您肯定需要这块告示牌！”

对方一看，上面写了这样一句话：“额满，暂不雇用。”

他的举动让报社的人忍俊不禁。一位主管很认真地在一旁观察他，发现他并不是在调侃报社，而是一脸的真诚。主管被他的认真和顽强行动所打动，结果录用了他，把他安排到对外宣传部工作。

20年后，他在这家英国王牌大报的职位是：总编。他就是生蒙，一位资深且有着坚忍毅力和良好人格魅力的新闻工作者。

我们看到，一个成功的竞争者，除了要具备丰富的知识和各方面的才能外，还必须有健康的心理素质和良好的意志品格。生蒙求职成功的经历告诉我们，百折不挠的顽强意志和毅力、积极的心态是成功者必须具有的素质。

而同样，西点军人坚强的自信，便是他们成功的源泉。不论才干大小，天资高低，成功只取决于他们坚定的自信心。相信能做成的事，一定能够成功。反之，不相信能做成的事，那就决不会成功。

南北战争期间，一个士兵骑马给格兰特送信，由于马跑得速度太快，在到达目的地之前猛跌了一跤，那马就此一命呜呼。格兰特接到信之后，立刻写了封回信，交给那个士兵，吩咐士兵骑自己的马，迅速把回信送去。那个士兵看到那匹强壮的骏马，身上装饰得无比华丽，便对格兰特说：“不，将军，我是一个平庸的士兵，实在不配骑这匹华美强壮的骏马。”格兰特将军回答道：“世上没有一样东西，是美国士兵所不配享有的。”

青少年们，可能你们会认为，世界上最好的东西，不是我这一辈子所应享有的。生活上的一切快乐，都是留给一些命运的宠儿来享受的。有了这种卑贱的心理后，当然就不会有出人头地的观念。本来可以做大事、立大业的你，只能做着微不足道的小事，过着平庸的生活。

与金钱、势力、出身、亲友相比，自信、勇敢是更有力量的东西，是成功

最可靠的资本。自信、勇敢能排除各种障碍、克服种种困难，能使事业获得圆满的成功。

那么，在日常生活中，青少年们，你该如何培养这种积极的心态呢？

言行举止像你希望成为的人；

要心怀必胜、积极的想法；

用美好的感觉、信心与目标去影响别人；

使你遇到的每一个人都感到自己最重要、被人需要；

心存感激、学会称赞别人、学会微笑；

到处去寻找最佳的创新观念，培养乐观精神；

不要计较鸡毛蒜皮的小事，培养一种奉献的精神；

永远也不要消极地认为什么事是不可能的；

经常激励自己，相信自己能够做到。

# 丰富自己，让信心来得更胸有成竹

任何一个人的成功，都不是一蹴而就的，都需要一个积累的过程。而同样，信心的积累也需要一个过程，这二者是相辅相成的。我们只有丰富自己的实力，才能让信心来得更胸有成竹。也就是说，渴望成功的青少年们，努力充实自己，踏踏实实丰富自己的知识，让自己逐渐具备成功的实力，你才会信心百倍地迎接挑战。

到过西点军校的人，都会注意到在校园内有一座雷锋的半身塑像，摆放在醒目的位置。在西点会议大厅上方，还悬挂着5位英雄的画像，其中排在首位的就是雷锋。学校还把雷锋日记中一些名言印在学员学习手册扉页上，提倡学员学习时要发扬雷锋的“钉子精神”，勤学苦钻，以优异成绩报效祖国。一位学员还在他的毕业论文中写道：“我最尊敬的将军是巴顿，我最崇敬的士兵是雷锋。”

晋升道路上的每一阶段，西点学员都被鼓励去参加“专业军事高级教育”课程。这一课程规定了西点每一级别的学员要承担的责任，包括从战斗技巧到军事法律辅导等多方面的内容。除了正常上课以外，还有6个星期的训练课程。这些课程不论对学员的心理还是生理都有很严格的要求，但参加这些课程完全是出于自愿的。当然，那些没有选择参加这些课程的学员们自然也就没有被提升的机会了。“专业军事高级教育”的教官们对战斗经验丰富的学员从不采取宽容的态度，事实上，许多经验丰富的学员都会比其他学员更努力完成课程。经验丰富没有什么特殊待遇，学员们必须像在训练营一样严肃认真。

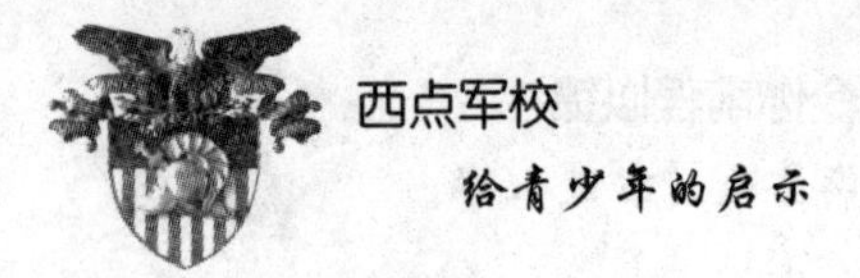


既然参加了“专业军事高级教育”，就要很好地完成。课堂表现将会被记入每位学员的个人档案，而且还是下次晋升的重要考察标准。“专业军事高级教育”课程的最终成绩，将是职业军官们最重要的专业素质证明。随着职责的增加，受训的水平也随之提高。

成功的西点人无不是经历了不同寻常的训练，而正是这些“非人”的训练，让这些学员们在自身素质提高的同时，也获得了百倍的信心。西点人认为，懒惰是最大的罪恶，上帝永远保佑那些起得最早的人。在西点，每个学员都利用有限的时间学习最多的东西。没有人闲散偷懒，甚至没有人会容忍偷懒的行为。在这里，勤勉已经变成了一种自觉的行为，变成一种责任。

其实，每一分的进步都不会凭空而降，每一阶段的小胜也都不是靠运气就可以获得，化梦想为现实的道路，是一个人勤勤恳恳，脚踏实地闯荡的过程。梦想自然不能少，但务实的精神更不可丢，如果说梦想是成功的阶梯，通向成功之门，那么务实的态度和务实的行动便是走一步所留下的每一个脚印。爱默生告诫我们：“人总归是要长大的。天地如此广阔，世界如此美好，等待你们的不仅仅是需要一对幻想的翅膀，更需要一双踏踏实实的脚！”

除了天分，日本著名作曲家小泽征尔拥有更多的是勤奋。日本作曲家武满彻曾经在小泽寓所住过一段时间，目睹了大师的勤奋，他说：“每天清晨四点钟，小泽屋里就亮起了灯，他开始读总谱。真没想到，他是如此用功。”原来，小泽从青年时代就养成晨读的习惯，一直坚持到今天。“我是世界上起床最早的人之一，当太阳升起的时候，我常常已经读了至少两个小时的总谱或书。”小泽这样说。

正是因为如此，在一次演出中，小泽征尔突然发现乐曲中出现不和谐的地方。开始，他以为是演奏家们演奏错了，就指挥乐队停下来重奏一次，但仍觉得不自然。这时，在场的作曲家和评判委员会权威人士都郑重声明乐谱没问题，而是小泽征尔的错觉。他被大家弄得十分难堪。在这庄严的音乐厅内，面对几百名国际音乐大师和权威，他不免对自己的判断产生了动摇，但是，他考虑再三，坚信自己的判断是正确的，于是，大吼一声：“不！一定是乐谱错

了！”他的喊声一落，评判台上那些高傲的评委们立即站立给他报以热烈的掌声，祝贺他大赛夺魁。原来，这是评委们精心设计的圈套。前面的选手虽然也发现了问题，但都放弃了自己的意见。

伟大的成功和辛勤的劳动是成正比的，有一份劳动就有一份收获，日积月累，奇迹就可以创造出来。这是绝对的真理。只有勤奋工作才是最高尚的，才能给人带来真正的幸福和快乐。勤奋是通往荣誉圣殿的必经之路。青少年们，从现在起，为你的信心加点砝码吧，如果你有伟大的才干，勤勉将会增进它；如果你只有平凡的才能，勤勉也可以补足它。你想收获多少，你就要付出多少。

## 西点启示

天下没有免费的午餐，只有努力充实自己才会获得你想要的一切。充实自己是收获信心进而收获成功最坚实的基础。

那么，青少年们，你该怎样做呢？

1．凡事坚持到底，不可三分钟热度

三分钟的热情会让你有种挫败感，而这种挫败感又会让你做不到坚持，如此反复、恶性循环，会让你陷入极度自卑的恐慌中。哲学家彭加勒所说：“出人意料的灵感，只有经过了一些日子，通过有意识的努力后才会产生。没有努力，机器不会开动，也不会生产出任何东西来。”其实成功也并不是多么艰难的事情。选择一个适合自己的目标，然后埋头干下去，总有一天你会成功。

2．树立脚踏实地的态度

要想成就一番事业，就必须要具备勤奋的工作态度。爱因斯坦说：“人的价值蕴藏在人的才能之中。在天才和勤奋两者之间，我毫不迟疑地选择勤奋，她几乎是世界上一切成就的催产婆。”真正的成功是一个过程，是将勤奋和努力融入每天的生活中，融入每天的工作中。成功没有捷径，它需要脚踏实地。

# 自信能让你超水平发挥

世间万事万物，都处于不断变化中，幸运的同时并非没有烦恼，而一切厄运也绝非没有希望。所以，只要坚定信念，把信念作为一面旗帜，厄运与困难就会迎刃而解，烦恼和痛苦也会烟消云散。的确，渴望成功的青少年们，如果你认定自己是一个不起眼的陋石，那么你可能永远只是一块陋石；如果你坚信自己是一块无价的宝石，那么你可能就是一块宝石。因为无论你做什么，自信都能让你超水平发挥。

美国西点军校是1802年由杰斐逊总统批准建立的，它从成立第一天开始就把培养第一流的军人作为军校的宗旨。无数美国名将，众多美国政治家、企业家、教育家和科学家都是从此诞生，从格兰特、麦克阿瑟、艾森豪威尔、巴顿到黑格、奥姆斯特德、鲍威尔等。为什么西点军校可以培养出如此多的成功人士呢?所有从西点军校毕业的成功人士都表示，信念对于一个人的成功是非常重要的。

1902年西点军校毕业生、曾任校长的道格拉斯·麦克阿瑟曾经说过：“信念不坚定，难有大的作为。”麦克阿瑟出生于军人家庭，父母从小就鼓励他成为“伟人”，他在少年时就明确了追求的目标：做一个军人，当一名将军。麦克阿瑟为实现目标，从小就刻苦读书，而且酷爱体育。他17岁考入西点军校，在西点军校四年中有三年学习成绩名列全班第一，创西点军校25年来学员最高学分。毕业后，麦克阿瑟开始了他的军事生涯。第一次世界大战刚爆发时，美国开始积蓄军事力量，麦克阿瑟担任了陆军部的“新闻检察官”，工作做得十分出色，后晋升为少将，任西点军校校长。

的确，信心是一股巨大的力量，只要有一点点信心就可能产生神奇的效果。信心是人生最珍贵的宝藏之一，它可以使你免于失望；使你丢掉那些不知从何而来的黯淡的念头；使你有勇气去面对艰苦的人生。相反，如果丧失了这种信心，则是一件非常可悲的事情。你的前途之门似乎关闭了，它使你看不见远景，对一切都漠不关心，使你误以为自己已经不可救药了。

没有自信，便没有成功。一个获得了巨大成功的人，首先是因为他自信。有人说，自信是成功的一半，但它毕竟还不是成功的全部。若不充分认识这一点，有一天你会连原来的一半也丧失。自信的人依靠自己的力量去实现目标；自卑的人则只有依赖侥幸去达到目的。自信者的失败是一种人生的悲壮，虽败犹荣。

青少年们，你要知道，命运永远掌握在强者手中。你也许相貌平平，也许一无所长，但你不应该自卑，也许在某方面你存在着惊人的潜力，只是你并没有发觉罢了。正视自己，更深层地挖掘潜力，相信天生我材必有用，是金子就一定会发光。

当你总是在问自己：我能成功吗？这时，你还难以撷取成功的果实。当你满怀信心地对自己说：我一定能够成功。这时，人生收获的季节离你已不太遥远了。

一位音乐系的学生走进练习室。在钢琴上，摆着一份全新的乐谱。

“超高难度……”他翻着乐谱，喃喃自语，感觉自己对弹奏钢琴的信心似乎跌到谷底，消靡殆尽。已经三个月了！自从跟了这位新的教导教授之后，始终不知道为什么教授要以这种方式整人。他勉强打起精神，开始用自己的十指奋战、奋战、奋战……琴音盖住了教室外面教授走来的脚步声。

指导教授是个极其有名的音乐大师。授课的第一天，他给自己的新学生一份乐谱。“试试看吧！”他说。乐谱的难度颇高，学生弹得生涩僵滞、错误百出。“还不成熟，回去好好练习！”教授在下课时，如此叮嘱学生。

学生练习了一个星期，第二周上课时正准备让教授验收，没想到教授又给他一份难度更高的乐谱，“试试看吧！”上星期的课教授也没提。学生再次挣扎于更高难度的技巧挑战。

第三周。更难的乐谱又出现了。这样的情形持续着，学生每次在课堂上都被一份新的乐谱所困扰，然后把它带回去练习，接着再回到课堂上，重新面临两倍难度的乐谱，却怎么样都追不上进度，一点也没有因为上周练习而有驾轻就熟的感觉，学生感到越来越不安、沮丧和气馁。教授走进练习室，学生再也忍不住了。他必须向钢琴大师提出这三个月来为什么不断折磨自己的质疑。

教授没开口，他抽出最早的那份乐谱，交给了学生。“弹奏吧！”他以坚定的目光望着学生。

不可思议的事情发生了，连学生自己都惊讶万分，他居然可以将这首曲子弹奏得如此美妙、如此精湛！教授又让学生试了第二堂课的乐谱学生依然呈现出超高水准的表现……演奏结束后，学生怔怔地望着老师，说不出话来。

“如果，我任由你表现最擅长的部分，可能你还在练习最早的那份乐谱，就不会有现在这样的程度……”钢琴大师缓缓地说。

从这个故事中，我们发现，我们原以为自己只习惯在自己熟悉的领域表现自己的能力并驾轻就熟，而事实上，如果我们自信一点，并能将那些压力转化为动力，那么，我们便能挖掘出无限的潜力，甚至可以超水平发挥！在《哈得逊周刊》的成功箴言版里，毕业于西点的史迪威将军这样说：“我打了那么多次胜仗，其实说起来毫无秘密，因为我总能看到希望。”

## 西点启示

自信，使不可能成为可能，使可能成为现实。不自信却使可能变成不可能。一分自信，一分成功；十分自信，十分成功。

这一启示告诉青少年们，人的潜力无穷，如果你对自己有足够的信心，你就会发现自己原来拥有这样的潜力，原来自己可以做到许多事情，如果你想有个辉煌的人生，那就把自己扮演成你心里所想的那个人，让一个积极向上的自我意象时时伴随着自己。

# 可以失败，但绝不可失掉信心

一个人在人生中不免会经历许多挫折和失败，而自信在这时得到了人们的选择，如果你选择了自信，那成功就会在不远处随你而来，如果你选择了另一种，那成功会毫不犹豫地离你而去，给你留下永远失败的记忆，让你落到人生的最低谷，永远也不会得到属于你自己的那份成功。所以，处在人生征程上的青少年们请记住，自信是你在成功和失败之间的转折点，需要你慎重地选择，好好地把握！

在西点军校里，一直流传着这样一句话：性格决定成败。千万不要纵容自己，给自己找任何借口，未来掌握在自己的手里。只有培养自己的优质性格，才能把握自己的成功未来。他们当中，有很多都是“没有任何借口”这一理念最完美的执行者和诠释者，都是能够秉持着“没有任何借口”这一行为准则，即使失败，也不会失掉信心的人。西点军校前校长丹尼尔·克里斯曼中将说：“处于现今这个时代，如果常说‘做不到’，你将经常站在失败的一边。”

当尤利塞斯·格兰特刚进入到西点学习时，对服从命令一无所知，时间观念也不强，因此屡犯错误并遭到惩罚。这时的格兰特并不是一个优秀的人，甚至不能算是一个合格的人。在南北战争以前，格兰特是声名狼藉的家伙，他被军队开除、做生意赔本。这也反过来证明了一点：任何人都可以变得优秀。

1861年南北战争爆发后，几经努力，他终于得到了领导一个团的职位。格

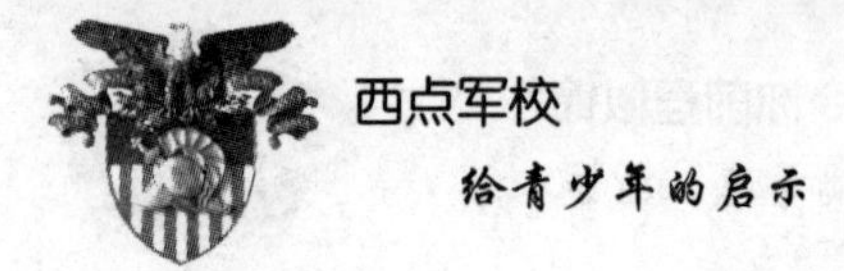


兰特倾全力训练这支部队，特别强调士兵要服从命令和遵守时间，并一改以往散漫不羁的习惯，处处以身作则，因此受到士兵的尊敬和爱戴。不久，格兰特被林肯选中成为北军的将领，为北军立下了汗马功劳。

1865年，格兰特参加总统竞选。成千上万美国公民纷纷投他的票，终于使这位一度被遗忘的西点军校普通学员，一跃成为显赫一时的美国总统。

格兰特再一次向想成功的青少年们证明，自信是成功的第一秘诀，世上最可怕的不是敌人，而是你自己，你脆弱的心是你最可怕的敌人。自信是一根柱子，能撑起精神的广袤天空，自信是一片阳光，能驱散迷失者眼前的阴影，能够使我们飘浮于人生的泥沼中而不致陷污。

可能现在的你刚刚经受挫折的折磨，但不要怕，从头再来，把失败当作你脚下的基石，只要努力地踮起脚尖用自信把自己抬高点，相信自信可以战胜一切挫折与失败，用自信点亮成功，用自信克服失败，用自信战胜挫折——这就是你成功的秘诀！

生活中，有些人总是不相信自信的力量，总是在最低落和失败到极点的时候放弃，其实在你放弃的前一秒想到自信，那你就会得到另一种截然不同的结果——成功！有些事，总是在你最不想放弃时选择丢弃，无奈让你觉得这是唯一的办法，可这恰恰是一种懦弱，不敢面对现实的表现，如果因为这些小事而放弃最终的目标，你不觉得你和失败做了一场赔本的买卖吗？你不觉得你和成功一起变成穷光蛋吗？如果回头想想，你当初要是自信点，把失败看作一块小小的绊脚石，那份当初应该属于你的成功现在不就在享受吗？可是世界上，没有后悔药，当你后悔了，连最有效的药——自信，也救不了你的后悔，所以只能说，自信是你在不后悔的前提下选择的！

马云曾说过："今天很残酷，明天更残酷，后天很美好，但大多数人死在昨天的晚上，看不到后天的太阳，"是的，人就是这样，只要你勇敢地去克服、面对，战胜今天、明天残酷的现实，那后天的太阳一定为你升起，可如果你不这样做，那你只能"死"在明天的晚上，永远看不到后天为你升起的太阳！

信念是一种无坚不摧的力量，当你坚信自己能成功时，你必能有所成就。许多人一事无成，就是因为他们低估了自己的能力，妄自菲薄，以至于缩小了自己的成就。信心能使人产生勇气和成功的契机。

这一启示为处于挫折中的青少年们指明了道路，你需要谨记以下两点：

1. 选择积极的自我意识

自信的产生是自我意识的选择。一个人可以选择成功的自信，也可以选择束缚自己的自卑，这一切全由人自己来决定。如果你想选择自信，你应先弄清自己身上的优点、长处，一条一条记在心里，不断地告诉自己："我身上拥有无限的能力和无限的可能性。"当你弄清了自己的强项，选择和发挥自己最擅长的能力，也就是自己的优势潜能时，就自然产生了自信。

2. 用自信征服别人，为自己争取机会

曾经有人问康拉得·希尔顿："何时得知自己将会成功？"希尔顿的回答是："当我还潦倒困顿到必须睡在公园的长板凳上时，我已经知道自己以后将会成功。"可见，无论发生什么事，无论处于什么境地，自信者都相信自己一定能成功。拥有自信心态的人让人更容易相信他们的能力，因而也会得到更多的锻炼机会，使他们成为更有能力的人。一个真正拥有自信的人，不会让自己的人生随波逐流，他们会扼紧命运的喉咙，成为生命的主人。

# 不要自己打败了自己

在现实生活中，我们几乎每个人都知道自信对事业、对人生的重要性，但是知道自信的重要性，并不就等于有了自信。很多满怀激情与梦想，并渴望成功的小男子汉们，最缺少的就是自信。这种类型的人对于自己能否担负责任感到疑虑，他们怀疑自己能否抓住有利机会，总是认为事情不可能顺利进行，从而抱着忐忑不安的心态。此外，他们也不相信自己可以拥有心中想要的东西。于是他们往往退而求其次，只要拥有些许的成就便觉得心满意足。而缺乏自信也一向是困扰人们的大问题，有项针对某大学选修心理学的学生所做的调查，其中有一道问题是个人最感困扰的事，调查结果显示，缺乏自信的人占75%的比率。在生活中，因循、畏缩、深陷于不安感，甚至对自我能力怀疑的青少年，几乎随处可见。而更为严重的是，这些青少年在挫折和失败面前，更容易一蹶不振。实际上，他们不是被失败打败了，而是被自己打败了。

在西点人的字典里，就没有“失败”二字，在西点，从这里毕业的学员即使没有成为国家首脑、行业领袖，多数也成为某个行业中的精英和佼佼者。他们都把自己所获得的成就归功于自己在西点军校时受到的教育和培养，学到的做人道理和成功智慧。西点学员在被问及自己的母校时，无不自豪地说：“如果希腊人忘不了马拉松，犹太人留恋着耶路撒冷，那么，美国人就应把西点军校铭记在心。”为什么西点军校可以培养出如此多的成功人士呢？许多曾在西

点军校接受过培训的成功人士都表示，西点军校非常注重学员性格的培养，而且学校在这方面也是做得非常成功的。一位西方的记者曾这样写道："西点人自信、狂傲，因为他们有实力。"西点军校所倡导的勇敢、自信、自尊造就了4000多名将军和无数企业家、文学家、艺术家等，可以说，正是这些精神成就了西点的辉煌。

"要战胜别人，首先必须战胜自己。"西点军校校友蒙哥马利这样说。有时候，我们的敌人不是挫折，不是失败，而是我们自己，如果你认为你会失败，那你就已经失败了，说自己不行的人，爱给自己说丧气话，遇到困难和挫折，他们总是为自己寻找退却的借口。殊不知，这些话正是自己打败自己的最强有力的武器。一个人，只有把藏在身上的潜能挖掘出来，时刻保持着强烈的自信心，才有可能获得成功，成功者之所以成功，是因为他与别人共处逆境时，别人失去了信心，他却下决心实现自己的目标。

一个人的"认为"，就是心里对自己说的话，说自己不行的人，爱给自己说丧气话，遇到困难和挫折，他们总是为自己寻找退却的借口，这些话正是自己打败自己的最强有力的武器。说自己行的人，在积极心态的支配下，不论遇上什么困难和挫折，都能坚持到底，永不放弃。

从这一启示中，身处逆境的青少年可以这样做：

1. 让自信帮助你走到最后

居里夫人曾经说过："生活对于任何一个男女都非易事。我们必须要有坚韧不拔的精神，最要紧的，还是我们自己要有信心。我们必须相信，我们对一件事情具有天赋的才能，并且无论付出任何代价，都要把这件事情完成。当事情结束的时候，你要能够问心无愧地说已经尽我所能了。一个人只要有自信，那么他就能成为他所希望成为的人。"

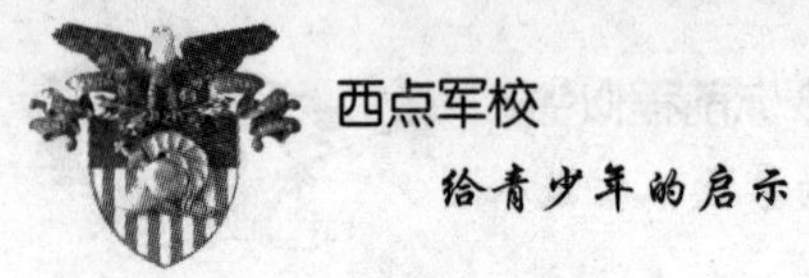


2. 寻找成功的榜样

“别人的成功，永远是自己的榜样。”做一个成功的人应该是每个青少年一生追求的最高境界。而逆境中，榜样的作用是不可估量的，榜样能激励你跨过最困难的难关。

# 第3章

## 驱逐困难，乘风破浪要有坚毅的内心

### ——像西点军人一样刚毅坚强，不畏失败

# 畏则生难，无畏则无难

诚然，人生本身就是布满挫折与痛苦。但要想取得胜利，到达成功的彼岸，就要踢开那些阻碍前进的绊脚石。每个人都遇到过痛苦，品尝过跌倒的滋味，但不管怎样，只要你无所畏惧，正视困难，打败困难，你就能将困难踩在脚下，赢得胜利。

人生阅历和社会经验尚浅的青少年们，你要记住，你是个男子汉，无畏是一种杰出的力量。你的人生才刚刚开始，只有做到无畏，才会让困难畏惧你，继而被你打败。人的一生本身就是一个不断遇到困难、打败困难，从而变得不断成熟、不断充实的过程。勇气的培养在这个过程中起着至关重要的作用。这一点被那些勇敢的西点人诠释得淋漓尽致。

西点33届学员、著名将军布莱德利说："面对死亡，微笑的勇士将不会畏惧任何危险，勇气会贯穿于他们的一生，牺牲是他们战胜一切困难的武器。"

在西点，智能发展方针有3个目标，第一个是："高水平的智能、精神承受力和果断性，带有理性的勇气和正直、责任心和主动性。"在军事教育发展方针中，西点明确提出培养学员"理性的勇敢"。这里，"理性的勇敢"不是那种路见不平，拔刀相助的勇敢，不是那种"有所不屑"就出手相搏的勇敢，或者说不是简单的血气之勇，不是三分钟热血的冲动。"理性的勇敢"更多地表现为临危不惧、冷静分析、坚持到底的原则。

西点尊敬勇者，西点崇尚勇敢精神，西点学员必须明白只有勇敢精神才能让平凡的自己做出惊人的事业。在"勇敢者的游戏"中，想要胜利就不能退

缩，只能前进。

青少年们，可能一直处于长辈、家庭保护下的你们也希望能独立自主，奋斗出属于自己的成功，但在具备这一想法后，你就要做好迎接挑战和困难的准备。和西点军人一样，勇敢地往前冲，即使再次失败，也不要害怕，这是你成长的必经过程。

1906年11月，本田宗一郎出生在日本荒僻的兵库县的一个贫穷家庭。由于家庭贫穷，9个孩子中有5个因营养不良而早夭。

本田在上学的时候非常喜欢逃课，这让他的父亲伤透了脑筋。用本田自己的话说“那种正规的教育真是让人厌恶！”但是，对于学校的实验课，他却非常喜欢，所以他经常选课去别的班级上他们的实验课。早期的这种富于探索的精神，为他以后的事业奠定了良好的基础。

后来，本田创立了自己的摩托车制造公司。当时摩托车行业已经快要趋于饱和了，但是他没有畏惧，依然硬着脑袋挤了进去。在5年内，他打败了250个竞争对手，实现了儿时的制造更先进的摩托车的梦想。当然，这期间，他经历了一系列失败。

当本田成功的时候，他说：“回首我的工作，我感到我除了错误，一系列失败、一系列后悔外什么也没有做。但是有一点使我很自豪，虽然我接连犯错误，但这些错误和失败都不是同一原因造成的。这使我在失败中学到了很多东西。”

本田总结道：“企业家必须善于瞄准不可能的目标和拥有失败的自由。”这句话言简意赅地阐明了做大事的人所必须拥有的心态，对很多人产生了深远的影响。

本田的成功经历告诉我们，人生没有一帆风顺的，经历一些挫折和失败并不可怕。可怕的是因为害怕而放弃对成功的追求。只有那些把挫折和失败当成动因并能从中学到一些东西的人，才会接近成功。因为心态是决定事业成功的奠基石，未来的路我们谁都无法预料，我们能做的就是放平心态，锁紧目标，攻克形形色色的困难。

在许多时候，成功者与平庸者的区别，不在于才能的高低，而在于有没有勇气。有足够勇气的人可以过关斩将，勇往直前，平庸者则只能畏首畏尾，知难而退。爱默生说："除自己以外，没有人能哄骗你离开最后的成功。"柯瑞斯也说过："命运只帮助勇敢的人。"

在西点，每个学员都要接受超强度的训练，但西点人从不畏惧，在西点人眼里，这些训练只不过是"勇敢者的游戏"，只有凭借勇气才能克服这些考验。西点领袖麦克阿瑟的敢于冒险的精神给人留下了非常深刻的印象。他在战争中从不考虑个人安全，总是冲锋在前，不怕危险。这也是他成为美国杰出将领的一个重要原因。他曾经数十次进入日军的火力封锁区，一次又一次地和第一攻击波的部队一起登陆。他曾说："能打死我的日本子弹还没造好！"

作为男性，每个青少年都有一种不服输的精神，那么，无论做什么，都拿出你的勇气吧，"从来就没有什么救世主……幸福全靠我们自己"，这是铁板钉钉的真理。即使身处逆境也不必太在意、也不可太在意。因为你无法改变存在着的铁一样的事实。如果你太在意，不经意就会钻进"牛角尖"，就会弄得得不偿失衰，败而终。那么，办法只有一个：你就只能暂时"无怨无悔"地守着自己的岗位，学缸中豆芽、学石压小草，慢慢发芽和吐绿，用顽强不息的精神与命运抗争。说不定会在哪一天的清晨里，当你疲惫不堪、睡眼朦胧时就会发现，在絮云被狂风卷轴般不见的边际，会现出柔美淡红的一弧弧曲线，那便是云开雾散璀璨阳光到来之际。

## 西点启示

勇敢就是在面临危险的时候临危不惧，就是客观评估风险之后果断行动，就是在困难面前绝不后退，就是在狂风暴雨里始终走在最前面。这是一种积极的态度，是一种敢为天下先的勇气。只有做到无畏，才能在困难面前，做个打不垮的强者。

那么，从这一启示中，青少年们该怎样做到无畏呢？

1．用信念支持行动，朝预期的目标奋进

设定目标是成功的必定步骤。尽管世事在变，小目标也在改变。但为之不变的是我们的未来规划蓝图以及我们的大目标。无论小目标因为什么元素在变化着但还是脱离不了为实现大目标而努力的终极。

2．做个理性的勇者

善于思考的人一般在追求成功的过程中总是会少走很多弯路，即使在困难面前，他们也能找出解决的方法，而不是一股脑儿往前冲。也就说，当理性和勇气结合在一起时，你就完全具备了成功的品质。

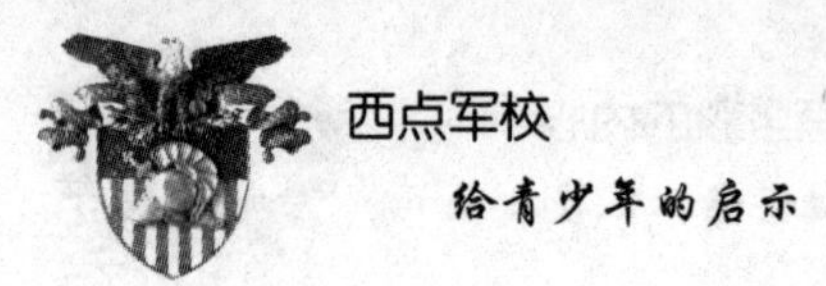



# 在失利中汲取教训，歇歇脚继续奔向成功

生活中，我们常说“失败是成功之母”，这句话的含意是，只要我们能把失利当成奋斗的起点，从失利中汲取教训，那么，失利也只能是暂时的，失利之后等待我们的必定是成功。

生活中的青少年们，你可曾沮丧消沉？遭遇严重挫败？或为自己所犯的错误过分自责？你可曾劳而无获？你可曾因疾病或受伤而造成残障？你会否因为希望破灭而心情沉重？会否冒险犯难，结果彻底失败？而以上这些情形，都不应妨碍你达成最后目标。失败正如冒险和胜利一般，是生命中必不可少的一部分。伟大的成功通常都是在无数次的痛苦失败之后得到的。大剧作家兼哲学家萧伯纳曾经写道：“成功是经过许多次的大错之后得到的。”

任何一个成功的西点人士，都是秉承了西点的教育理念，那就是勇敢。而他们的勇敢都是理智的，即使遇到了失利，他们也不会退缩，而把失利当成提升自己的又一次机会。他们这样勉励自己：“我要振作精神，跟命运搏斗，我要把痛苦化为力量，设法有所建树。”正如西点第一任校长著名政治家、科学家乔纳森·威廉斯说：“不管你有多么伟大，你依然需要提升自己，如果你停滞在现有的水平上，事实上你是在倒退。”

实际上，在失利面前，我们停下来好好想想、歇歇脚步，正好给了我们反省的机会，这更利于我们看到自己工作的不足。

美国艾森豪威尔总统有一次在记者招待会上被人问道“为什么你的周

末度假那么长呢？”总统的回答对于每一个爱动脑筋的人都很宝贵。总统说：“我不相信，一个人无论是经营通用汽车公司或管理美国政府，坐在办公室埋头批阅公文就是认真负责。任何机构的最高领导人都应该避免琐事的干扰，应该把有限的精力用在基本决策上。只有这样才会做出更好的判断。”

艾森豪威尔说得很对，盲目地工作不一定有效率。如果一个人能在失利面前还能做到反思，那么，他必定是成功的。因为他能做到调整好心态。

有个年轻人告诉拿破仑·希尔，当他失业而走投无路时，如何把注意力放在好的一面。他说：“我当时在一家信息报道公司工作。待遇虽然不怎么好，但以我的资历，还是可以的。那时经济不景气，公司不得不裁员。因此对公司可有可无的员工就成为遣散的对象。一天，我忽然接到解雇通知。接下来的几小时我真是万念俱灰。后来，我渐渐感觉到这是看似不幸，实是万幸的事。我一直不太喜欢这个工作，要是一直留在那里，我的前途就不可能有进展了。所以，解雇对我来说正是找一个真正喜欢的工作的好机会。果然不久我便找到一个更称心的工作，而且待遇也比以前好。我因此发现被辞退这件事，确实是件好事。”

拿破仑·希尔总结，把失败转变为成功，往往只需要一个想法再紧跟一个行动。

生活中的青少年们，在追求成功的路上，不论什么情况，请你处处往“好”的一面想，这样就能顺利克服失败的打击。如果真能培养出观察入微的眼光，就会看到所有的事物都在往好的一面发展。

成功一定有方法，失败必然有原因。一个人在追求成功的同时，免不了会遭受到许许多多的挫折和失败。曾经努力地去奋斗但结果却失败了，这也许是人生的最大悲剧。除了少数的成功者之外，绝大多数人都遭受过失败或正在失败。对此，除了要对自己所选择的目标有强烈的信心、明确的目标、坚韧不拔的毅力外，还必须懂得对失败的原因加以分析、总结，只有这样，才能避免下次重蹈覆辙。

可能有人说，失败等于是一种浪费。如果继续让失败的情绪积聚在内心之中干扰、腐蚀，那的确是一种浪费。但如若我们能迅速清理掉心里的垃圾，并汲取教训，那失败不就是一种财富吗？

## 西点启示

成功出于自错误中学习，因为只要能从失败中学得经验，便永不会重蹈覆辙。失败不会令你一蹶不振，这就像摔断腿一样，总是会愈合的。

这一启示告诫青少年们，我们要懂得总结失败的教训，通常情况下，有以下几条阻止你成功的外在障碍：

（1）缺乏明确的人生目标。凡是没有明确的人生目标的人，便没有成功的希望。

（2）缺乏志向与抱负，对什么都无所谓。凡不愿上进和不愿付出代价的人，便绝对没有成功的希望。

（3）缺乏足够的教育。这个缺点的克服十分容易。经验证明，自学的人往往是学习得最好的人，光有一张大学文凭是不够的。光知道知识是不行的，重要的是知识的运用。人之所以能得到报酬，不是因为他们拥有知识，而是因为他们能将知识运用在工作上。

（4）缺乏自律。纪律来自于自我控制，一个人必须能控制住自己所有的情绪与行为。在你要控制别人之前，一定要先控制住自己。你会发现自我控制是最难的。你如果不能征服自己，就会被自己所征服。当你在镜子里看到自己时，他既是你的最好朋友，也是你的最大敌人。

一朝一夕获得成功是不可能的。每一个奋发向上的人在成功之前都曾经历无数次的失败。我们需要试验、耐心和坚持，不断汲取经验，才能得到成功。而化失败为动力的方法是：

（1）诚恳而客观地审视周遭情势。不要归咎别人，而应反求诸已。

（2）分析失败的过程和原因。重拟计划，采取必要措施以求改正。

（3）重做尝试之前，想象自己圆满地处理工作或妥善地应付客户的情景。

（4）把足以打击自信心的失败记忆一一埋藏起来。它们现在已经变成你未来成功的肥料了。

（5）重新出发。

你可能必须再三试行这五种步骤，然后才能如愿达成目标。重要的是每尝试一次，你就能够增加一次收获，并向目标更加进一步。

# 屡败屡战，终得胜利之果

自古至今，大凡成功者，无不具备一项品质，那就是拥有不被打倒的意志力。因为他们认为，跌倒了再站起来，终有一天，会得胜利之果实。的确，每件存在的事物在开始时只不过是一个想法。“不可能”背后隐藏的巨大成功，只青睐那些充满激情、意志坚定的人。失误、失败并不可怕，关键在于如何从失败中奋起，反败为胜。只要你坚持下去，不可能也会变为可能。

生活中的小男子汉们，可能你崇尚成功，那么，在努力之前请做好屡败屡战的准备吧。因为你必须认清一个事实，无论你做了多少准备，有一点是不容置疑的：当你进行新的尝试时你可能犯错误，不管作家、运动员或是企业家，只要不断对自己提出更高的要求，都难免失败。但失败并非罪过，重要的是从中吸取教训。这一点，每一个成功的西点人都为你们做了很好的榜样。

在西点，在任何时候、任何情况下，学员都会精神振奋，斗志昂扬，没有分毫的颓废之态。就拿西点的橄榄球队来说，西点的橄榄球队一度战绩不佳，屡战屡败，但从校长、教练到球员，都有一种不服输的精神。他们通过不断接纳新队员，撤换教练，加大训练难度，立誓夺回冠军。所有的队员在屡战屡败的时候都没有放弃过胜利的梦想，都没有被一次次失败无情地击倒，相反，由于经受了多次失败的洗礼，他们愈挫愈勇，坚持不懈最终夺回了冠军。

失败是成功的基础。一个人坐下或躺下不动，当然不用担心被其他东西撞倒。但如果他想做点什么，就必须站起来前进，这就很可能被路上的石子绊倒，或被路旁的荆棘扎伤。其实，这也没有什么关系，因为有了这种挫折的历

练，以后再走路时就会振奋起精神。

青少年们，自从你离开家庭的庇护，准备闯出一片自己的天地、做个堂堂正正的男子汉的时候，就意味着你需要接受各种困难的洗礼，就意味着你可能会摔倒，但没关系，继续站起来，掸掸身上的尘土再上场拼一拼的人，终有一天你会成功的。美国百货大王梅西就是一个很好的例子。

他于1882年生于波士顿，年轻时出过海，以后开了一家小杂货铺卖些针线。铺子很快就倒闭了。一年后他另开了一家小杂货铺，仍以失败告终。

在淘金热席卷美国时，梅西在加利福尼亚开了个小饭馆，本以为供应淘金客膳食是稳赚不赔的买卖，岂料多数淘金者一无所获，什么也买不起，这样一来，小饭馆又倒了台。

回到马萨诸塞州之后，梅西满怀信心地干起了布匹服装生意，可是这一回他不只是倒闭，简直是破产，赔了个精光。不死心的梅西又跑到新英格兰做布匹服装生意。这一回他时来运转了，他买卖做得很灵活，甚至把生意做到了大街商店。现在位于曼哈顿中心地区的梅西公司已经成为世界上最大的百货商店之一了。

另一个饱尝失败滋味的零售商是詹姆士·卡什·彭尼。

彭尼在密苏里州长大。高中毕业后在一家布匹服装店当了11个月的小伙计，共得薪水25美元。彭尼的身体不好，医生劝他到户外活动活动。于是彭尼辞职前往科罗拉多州，干起了零售商的行当，他把历年所得全投进了一家小肉铺。

肉铺的最大主顾是当地一家旅馆。这旅馆的厨头兼采买是个嗜酒如命的人。有一天他跟年轻的彭尼说，以后只要彭尼每星期白送他一瓶威士忌，他就把整个旅馆的生意包给彭尼做。彭尼不干，认为这是贿赂。于是他们之间的生意从此断绝，彭尼的小店也开不下去了。

不得已，彭尼只好再去当地一家布匹服装店当店员。他以行动和言辞说通了这家商店的两名店主，让他当第三名合伙人，即由他出一笔钱，加上原店的部分资金存货，由他单独去经营一家新店。这个主意就是联营的最初思路。过了几年，彭尼开始了他自家的联营商店生意。他允许雇员享有自己从前曾经享有的机会。

当彭尼的联营商店发展到34家时，彭尼公司诞生了。如今这家公司已拥有

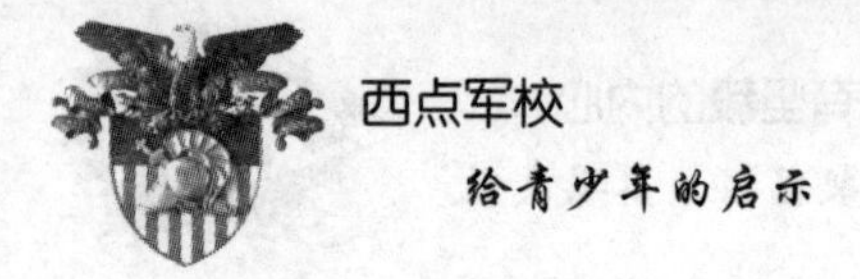


2400家分店。此外，它还涉足银行、信贷和电子业。当你似乎已经走到山穷水尽的绝境的时候，离成功也许仅一步之遥了。

梅西和詹姆士卡什彭尼都是经历了数次的失败后而最终走向成功的。的确，成功让人瞩目，但成功的过程却让我们叹为观止，是什么能让他们屡败屡战？是意志力！一个人一旦具备了这种不畏惧任何困难、不放弃的意志力，也就离成功不远了。

纵观历史，广览世界，青少年们，你会得出这样一个结论——成功者无一不是战胜失败后而获得成功的。事实上，人的意志力是强大的，可能我们对于自己能够变成多么坚强都毫无概念！大多数的人能够承受超过我们所认为的压力。每一个人的内在都有无限的潜能，但除非你知道它在哪里，并坚持用它，否则毫无价值。世界著名的大提琴演奏家帕柏罗卡沙成名之后，仍然每天练习6小时。有人问他为什么还要这么努力。他的回答是："我认为我正在进步之中。"

生命中的每个失败，每个打击，都有其意义。困苦能孕育灵魂和精神的力量。所谓杰出的人，就是不断挑战失败，不断攀登命运高峰的人。当你正视失败，并把失败看作成功的基石时，成功就会莅临在你头上。

从这一启示中，青少年们，你们需要谨记：

1. 绝不要等待

挫折面前，耐心等待并不是一种美德。因为如果你不采取行动，只是静候佳音，那将是你所能做的所有事情中最糟糕的选择。如果你想解决问题，必须负起责任，不要期待别人拔刀相助。相信你自己解决问题的能力。如果期待别人的帮助，你只会得到失望，更糟糕的是你可能变得愤世嫉俗而一无所成。

2. 摒弃消极思想

你一旦受到周围消极思想的影响，想要再建立起积极的态度几乎是不可能的。在你耳边，经常会响起一些消极词汇："小心"、"慢慢来"、"还不错"、"我早说过了"、"不可能"、"事情结束了"……你应学会分辨消极和积极的言辞，避免接触和使用消极的言辞，因为答案总存在于积极正面的一方。

# 刚毅为你的生活筑起避风港

人生难免崎岖波折，我们时常鼓励自己或朋友“咬咬牙，坚持一定成功”。人的意志力真有如此神奇的效果吗？对此，美国斯坦福大学的心理学家给出了答案。据美国“心理中心网”报道，研究人员发现，在完成一些难度较大，很“费神”的任务时，意志力刚强的人更有耐力和韧劲，完成任务的质量更高。斯坦福大学心理学教授卡罗尔·德维克和瑞士苏黎世大学博士后韦罗妮卡·约伯表示，如果不相信自己的意志力，在遭遇困难时，人们很容易感到疲劳，并产生厌倦情绪。相反，意志力顽强的人则更有自信，认为自己的能量不会耗竭，这种信念会使他们的精力更旺盛，从而带来成功。

生活中的青少年们，你们都知道，刚毅的精神来自于顽强的意志，而这，往往也是成功的关键，一个无坚不摧的人是不畏惧任何人生的不幸的，但你是否具备这一品质呢？可能你的答案是否定的，但西点军校的每个学员都能给予肯定的回答。成功的西点人大都起始于不好的环境并经历许多令人心碎的挣扎和奋斗。他们生命的转折点通常都是在危机时刻才降临。经历了这些沧桑之后，他们就具有了更健全的人格。因为每一个西点人都有积极向上的意志力。每个西点学员，每天都要接受一些高强度的学习和体能训练，学生要面对持续的紧张和压力。但在他们脸上从来看不到沮丧。正如西点著名校友、国际银行主席奥姆斯特德所说：“以顽强的毅力和百折不挠的奋斗精神去迎接生活中的各种挑战，才能够免遭淘汰。”

坚强的意志是一个人成功的根本保证，大凡成功人士，他们都拥有远大的理想和高远的志向，而且他们在自己人生的道路上绝对不会因为困难而退缩，也正是这种刚毅的精神，为他们的生活筑起了避风港，让其勇于面对困难和逆境。

1967年夏天，美国跳水运动员乔妮·埃里克森在一次跳水事故中，身负重伤，全身瘫痪。乔妮从此被迫结束了自己的跳水生涯，离开了那条通向跳水冠军领奖台的路。她曾经绝望过。但最后，她拒绝了死神的召唤，开始冷静思索人生意义和生命的价值。

乔妮领悟到：我是残了，但为什么不能在另外一条道路上获得成功？于是，她想到了自己中学时代曾喜欢画画。这位纤弱的姑娘变得坚强起来，她重新拾起中学时代曾经用过的画笔，用嘴衔着，开始练习了。她常常累得头晕目眩，汗水把双眼弄得咸咸地辣痛，甚至有时委屈的泪水把画纸都滴湿了。

好些年过去了，乔妮的辛勤劳动没有白费，她的一幅风景油画在一次画展上展出后，得到了美术界的好评。

乔妮又想到要学文学。因为曾有一家刊物向她约稿，要她谈谈自己学绘画的经过和感受，她用了很大力气，可稿子还是没有写成，这件事对她刺激太大了，她深感自己写作水平差，必须一步一个脚印地去学习。

是什么让乔妮·埃里克做到了在人生快进入绝望的时候重拾信心呢？是什么让她做到了再次找到人生的价值呢？是她的刚毅。一个刚毅的人就好像为自己寻找到一个心灵的保护伞，有了这个保护伞，他就会是无惧的。无论是奋斗还是人生的路上，都并非一帆风顺，有失才有得，有大失才能有大得，没有承受失败考验的心理准备，闯不了多久就会走回头路了。

生活中，有那么一些青少年，他们恰如温室里的花朵一般，未曾经风雨见世面，于是，他们也未曾拥有独立自主的能力，也就没有任何承受折磨的心理准备和经验积累。在不幸面前，他们更容易被摧毁；而相反，一个经历世事、饱经风霜的人则不同，他是在磨难和挫折里长大和成熟起来的，他已经具备了应付挫折的心理承受能力和驾驭生活的能力，面对人生事业中的大小磨难，他无所畏惧，勇往直前，凭着坚强不屈的意志，战胜挫折，取得事业的成功和人生的幸福。

那么，青少年们可能会产生怀疑：一个人尤其是一个年轻人，他的阅历肯

定是有限的，那该如何具备顽强的意志力呢？实际上，任何精神和品质都是可以培养的。从现在起，把任何人生路上出现的困难当成你成长的财富吧！唯一蝉联三次世界篮球冠军的天才教练篮柏第有一次说：“任何一位顶天立地、有作为的人，不管怎样，最后他的内心一定会感谢刻苦的工作与训练，他一定会衷心向往训练的机会。”当你继续迈向高峰时，必须记住：每一级阶梯都有供你踩足的时间，然后再踏上更高一层，它不是供你休息之用。我们在途中难免会疲倦与灰心，但就像世界重量级冠军詹姆士柯比常说的：“你要再战一回合才能得胜。碰上困难时，你要再战一回合。”如果你也能有如此心态的话，你也就具备了刚毅的精神了。

意志坚强的人用“世上无难事”的人生观来思考问题，越是遭受悲痛打击，越是表现得坚强。他们能把痛苦化为力量，振作精神，继续奋斗。不屈服挫折和命运的挑战精神，使人成为世人所敬仰的强者。

那么，具体来说，青少年们，应该如何培养自己这种刚毅的精神从而克服困难呢？

1. 与人交往，用积极的心态面对生活中的一切

拿破仑·希尔常说：“一个人生病时应当去找医生，没有灵感就应该阅读好书，听有启发的演说，并且结交积极的人。”鲍伯理查是以前奥运会的金牌得主，也是美国最伟大的演说家之一。他特别强调跟人交往能得到的灵感，他还说奥运会运动员屡屡打破世界纪录是因为他们是在伟大的气氛之下的缘故。

2. 克服懒惰

懒惰是刚强者的宿敌，许多懒惰的人在心理态度方面都有问题。他们吝于在工作或职业上使出全力，觉得如果尽力而未能成功，就会很丢面子。他们的想法是，既然未曾尽力，那么失败了也可以振振有词，不愁找不到借口。他们并不觉得失败，因为他们从未认真地去做过。他们时常耸耸肩膀说：“这对我没有什么两样。”而这样的人，是终将一事无成的。

# 乘风破浪的翅膀才能飞得更加高远

人生在世，追求成功的过程就是不断克服困难和失败的过程，在这个过程中，我们只有永远怀有“事情还会有转机”的乐观心态，并做到以顽强的意志力乘风破难，才能战胜挫折来争取成功。

现代社会，很多青少年都是家中的独生子，从小生长在父母、长辈们的呵护下，而对于困难和挫折，他们并没有做好迎接的准备，正因为如此，这些青少年在困难面前很容易一蹶不振。实际上，每个青少年心中都有属于自己的理想和目标，但能否实现，就决定于你能否在这条追求成功的路上以积极的心态面对，然后披荆斩棘、乘风破浪。这一点，每个成功的西点学员都给你们做足了榜样。一位西点的商界成功人士说：“我从小到大都不是一个品学兼优的孩子，但我从不因此就放弃自己，凡是遇到困难、挫折，我就告诉自己，要乐观点，明天就会好的。”有些人碰到失败就认定自己的能力不足，认为自己注定一生都是一个失败者。这样的观念只会限制你原本未发挥的潜能，成为你成功的绊脚石。什么事情都应该尝试一下，无论如何先做做看，这样，成功的概率就会大得多。

任何一个成功者都告诉我们，处于困难中，意志就是力量。哪里有意志存在，哪里就会有出路。有了坚定的意志，就等于给双脚添了一双翅膀。人的意志如果坚强，的确可以发挥出一种超越自然的力量。不要让挫折和厄运阻挠你，让它们成为绊脚石。成功终会因为你的坚强和努力而降临。

霍英东出身于贫苦家庭。在苦难中长大成人的他，进入社会后的第一份工

作是在一艘旧式的渡轮上做加煤的工作，但没多久便被老板炒鱿鱼了。后来，霍英东在启德机场当苦力，每天能拿到七角半工资及半磅米。他说："为了省钱，每天清晨5时就由湾仔步行至天皇码头，花一角钱坐船过九龙，再骑脚踏车到启德机场。"可是由于体力不足，他在扛货时，一只手指被压断了。于是又被解雇了。此后，霍英东曾应征做铁匠，却因为太瘦弱而没有成功；于是又上船做锅钉的工作，但很快再次被炒鱿鱼；接下来，他又到太古糖厂做试糖的工作。

连接不断的失败磨炼了他的意志，培育了他坚强的性格。将近而立之年时，他终于时来运转，在朝鲜战争期间将中国大陆急需的物资与药物运送过来，短短几年间就发了一大笔财。不久，他又向地产业进军，并参与航运业、娱乐业经营，终于跻身华人超级富豪的行列。

恐怕每个青少年都会对霍英东这样坎坷悲惨、多苦多难的童年而感到惊叹，而正是这样一个磨炼的过程，造就了他后来辉煌的人生。那是什么让霍英东在渡过了艰难时代的种种困难？是意志！和霍英东一样，任何一个取得成就的人，都是具有超强意志力和控制力的人。他们饱受挫折，但是却越挫越勇，以更加饱满的昂扬斗志向着既定的目标大步前行，所以他们总能到达胜利的彼岸。

西点毕业生、著名作家爱伦坡说过："不管碰到什么障碍和困难，你都可以尝试把它进行到底。"的确，不管在怎样的条件下，我们都不应放弃对成功的追求。在顺境中，人们以舒畅的心情谋求成功；在逆境中，人们依然应当坚韧不拔地追求成功。成功既可以在顺境中顺利地实现，也可以在逆境中艰难地获得。

一位著名的击剑运动员在一次比赛中输给了一个与自己水平不分伯仲的对手。第二次相遇，由于上次失利阴影的影响，这名运动员又输掉了，尽管他并非技不如人。第二次比赛后，这名运动员做了充分的准备，特意录制了一盘磁带，反复强调自己是有实力战胜对手的，每次他都要将这盘录音听上几遍，心理障碍消除了，在第三次比赛中轻松击败对手。

的确，一个人只有在困难中仍然具备必胜的信念，才能在迎接困难时做到全力以赴，并取得最后的胜利。哀莫大于心死，一个人的精神不能先于他的身躯垮下去。靠一种极强的生活责任心鼓起勇气，不仅需要有探索精神，还要有不屈的意志，以及不达目的誓不罢休的决心。

## 西点启示

没有伟大的意志力，就不可能有雄才大略。一个人的意志力往往决定着你的人生，挫折也好，磨难也罢，它们更多的是伤害一个人的肉体，只要你的心灵选择坚强，就要勇敢地去挑战困难。

从这一启示中得知，青少年们，你需要从以下两个方面来克服眼前的困难：

1.毅力要与行动结合

行动是解决问题的关键，也是克服困难的基础。拿破仑·希尔有一个集顾问、作家、评论家于一身的朋友，他曾经谈到“成为名作家，需要哪些条件”的看法。“有很多爱好写作的人，对于想要写作不太热衷。”他说，“他们都尝试过一段时间，但在发现写作本身所牵涉的东西又多又杂以后，就退出了写作的行列。我个人不太同情他们，因为他们都只是在寻找捷径而已，可是现实世界里哪有这种事。”

2.告诉自己“总会有别的办法可以办到”

有许多满怀雄心壮志的人毅力很坚强，但是由于不会进行新的尝试，因而无法成功。请你坚持你的目标吧。不要犹豫不前，但是也不能太生硬，不知变通。如果你确实感到行不通的话就尝试另一种方式吧。

# 勇做自己命运的主人

我们每个人都是自己命运的主人，都应该根据自己的愿望去生活。抱着这样的信念，无论我们遇到什么，无论受多大痛苦心情多么沉重，都要坚持住，绝不向所谓的命运低头。生活中的青少年们，在接受人生的各种挑战前，你也要做好各种心理准备，要紧紧扼住命运的咽喉。

西点课堂上有这样一个案例：有一只小鹰，从小跟着鸡群一起长大，不用为寻水觅食而奔波，小鹰也一直以为自己是一只不会飞的小鸡。有一次，小鹰从悬崖上掉下去，就在急速坠落的过程中，它扑棱扑棱翅膀，在坠地之前竟突然飞起来了，这是为什么呢？是因为在绝境中小鹰的天性被激活了，恢复了。

的确，很多时候，很多青少年认为“不能”的时候，这是因为你处于优势、生长于优越的环境中，而当你几乎身处绝境的时候，你的潜能也同样能被激发。这么考虑，你的人生就不会有绝境，因为你要突破要挑战。因此，身陷绝境，请不要诅咒。绝境是你错误想法的结束，也是你选择正确做法的开始。人们常说，逆境与不幸能造就一个人，也能毁灭一个人。这句话是有道理的，你不在绝境中发迹，就在绝境中沦落。处在绝望境地的奋斗，最能启发人潜伏着的内在力量；没有这种奋斗，便永远不会发现真正的力量。

美国人克里斯托弗·里夫因在电影《超人》中扮演超人而一举成名。但谁能料到，一场大祸会从天而降呢？

1995年5月27日，里夫在弗吉尼亚一次马术比赛中发生了意外事故，以致头部着地，第一及第二颈椎全部折断。5天后，当里夫醒来时，医生说不能够确保里夫能活着离开手术室。

那段日子里夫万念俱灰，许多次他甚至想轻生。出院后，为了平缓他肉体和精神上的伤痛，家人便推着轮椅上的他外出旅行。有一次，小车正穿行在落基山脉蜿蜒曲折的盘山公路上。里夫静静地望着窗外，发现每当车子行驶到无路的关头，路边都会出现一块交通指示牌:“前方转弯！”或“注意！急转弯”的警示文字赫然在目。而拐过每一道弯之后，前方照例又是一片柳暗花明、豁然开朗。山路弯弯、峰回路转，“前方转弯”几个大字一次次地冲击着他的眼球，也渐渐叩醒了他的心扉；原来，不是路已到了尽头，而是该转弯了。他恍然大悟，冲着妻子大喊一声:“我要回去，我还有路要走。”

从此，他以轮椅代步，当起了导演。他首席执导的影片就荣获了金球奖；他还用牙关紧咬着笔，开始了艰难的写作，他的第一部书《依然是我》一问世就进入了畅销书排行榜。与此同时，他创立了一所瘫痪病人教育资源中心，并当选为全身瘫痪协会理事长。他还四处奔走，举办演唱会，为残障人的福利事业筹募善款，成了一个著名的社会活动家。

最近，美国《时代周刊》报道了里夫的事迹。在这篇文章中，他回顾自己的心路历程时说：“以前，我一直以为自己只能做一位演员；没想到今生我还能做导演、当作家，并成了一名慈善大使。原来，不幸降临的时候，并不是路已到了尽头；而是在提醒你：你该转弯了。”

一次偶然的事件，让原本几乎绝望的克里斯托弗·里夫重新选择了一条人生的路。在这条路上，他同样取得了成功甚至是辉煌。在面对身体上的巨大折磨时，和克里斯托弗·里夫一样，可能很多人都会有轻生的念头，但是，请想一下，如果选择了真正的绝望，向所谓的命运妥协了，那么，你就真的彻底失败了；而如果你选择另外一种心态，放手一搏，即使微乎其微的机会，也有可能赢得成功。

生活中的每个青少年，都应当具备始终如一地坚持自己的命运自己做主、顽强能战胜任何逆境的信念。的确，在生命的过程中，不论是爱情、事业、学问等，你勇往直前，到后来竟然发现那是一条绝路，没法走下去了，失落与悲

哀的心境必定是有得，但你不能放弃自己，妥协等于失败。此时不妨往旁边或回头看看，也许转个弯就能柳暗花明、豁然开朗；即使根本没有路可走了，往天空看吧！虽然身体在绝境中，但是心还可以畅游太空，体会宽广深远的人生境界，再也不会觉得自己是穷途末路。

青少年们，有一天，当你站在成功的舞台上的时候，可能你就会更加感激曾经出现的逆境和困难，而不是你的顺境。当你陷入绝境时，就证明你已经得到了上天的垂爱，将获得一次改变命运的机会。如果你已经走出了绝境，回首再看看，你会发现，自己比想象的要伟大，要坚强，要聪明。

## 西点启示

绝境与不幸并不能决定我们的成败，我们的命运掌握在自己手里。不向所谓的命运低头，在绝境中你往往会突破樊篱，超越常规，书写连你自己都不曾想过的神话。

这一启示告诉青少年们，要重新攫取生命中胜利的果实，你需要做到：

1. 改变命运从改变自己的心态开始

无论命运把你抛向任何险恶的境地，你都要毫无畏惧，用你的笑容去对付它！而如果你能选择不把挫折拿来当成放弃努力的借口，那么，或许你可以用一个新的角度，来看待一些一直让你裹足不前的经历。你可以退一步，想开一点，然后你就有机会说：“或许那也没什么大不了的！”

2. 记取教训，改善求进

成功有成功的经验，失败必当有失败的教训，这是不变的真理。在排除外在因素的情况下，如果你失败了，正处于人生逆境之中，你需要做的第一步就是暂时停下来，思考自己为什么会失败。大剧作家兼哲学家萧伯纳曾经写道：“成功是经过许多次的大错之后得到的。”找到了问题出现的原因，你也可以破茧成蝶、振翅翱翔！

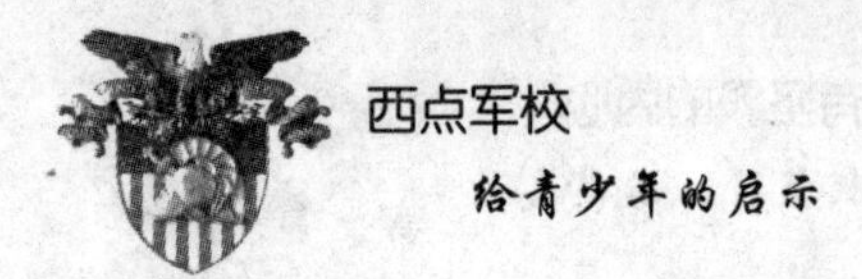


## 恒心如恒星，永不陨落还将闪烁

有人说，人生就像一副牌局，真正让这副牌局精彩的人，即使得到的是最差的牌，也会坚持到最后，精心打出每一张牌，也就是说，恒心是我们每个人获得成功人生的前提。而在现实生活中，缺乏历练的青少年们，通常都有一个缺点，那就是三分钟热度。在追求成功的过程中，很容易因为困难的出现或者兴趣的转移而放弃了最初的热衷。而这，正是很多人始终不能有所成就的原因。

在美军历史上，艾森豪威尔是一个充满戏剧性的传奇人物。

美军历史上，共授予 10名五星上将，艾森豪威尔是晋升得“第一快”的人。这一军衔潘兴从准将到五星上将用了13年；马歇尔从上校到五星上将用了20年；麦克阿瑟从上校到五星上将用了16年；布莱德雷从上校到五星上将用了9年；阿诺德从准将到五星上将用了12年；欧内斯特·金从上校到海军五星上将用了19年。而艾森豪威尔从上校到五星上将仅用了4年的时间！这是他的“第一快”。艾森豪威尔之所以会取得如此大成就，源于其坚持的品质。

有一天晚饭后，年轻的艾森豪威尔跟家人一起玩纸牌游戏，连续几次都抓了一手很差的牌，他开始不高兴地抱怨手气不好。妈妈停了下来，正色地对他说道：“如果你真要玩牌，就必须用你手中的牌玩下去，不管那些牌怎样，都要坚持到底！”

他愣了愣，母亲又说道：“人生也是如此，发牌的是上帝，不管是怎样的牌，你都必须拿着。你能做的就是坚持到底，竭尽全力，求得最好的结果。”

很多年过去了，艾森豪威尔一直牢记着母亲的这番教导，从来没有抱怨过命运。相反，他总是以积极、乐观的态度，以坚持不懈的意志去迎接命运的挑战，竭尽全力做好每一件事情。

艾森豪威尔自己说："在这个世界，没有什么比'坚持'对成功的意义更大。"的确，世界上的事情就是这样，成功需要坚持。一个运动员要取得冠军，前提就是必须要坚持到最后，冲刺到最后一瞬。如果有丝毫之松懈，你就会前功尽弃，因为裁判员并不以运动员起跑时的速度来判定他的成绩和名次。同样，生活中的青少年们也是如此，如果你希望自己成功，就必须付出坚强的心力和耐性，并且在失败面前要有"再努力一次"的决心和毅力。唯有如此，成功才会有可能青睐你。

失败不可能排除态度的因素。爱迪生的发明就是一个态度跟失败有关的例子。他曾长期埋头于一项发明。一位年轻记者问他："爱迪生先生，你目前的发明曾失败过一万次，你对此有何感想？"爱迪生回答说："年轻人，因为你人生的旅程才起步，所以我告诉你一个对你未来很有帮助的启示。我并没有失败过一万次，只是发现了一万种行不通的方法。"

爱迪生估计他发明电灯时，共做了14000千次以上的实验。他成功地发现许多方法行不通，但还是继续做下去，直到发现了一种可行的方法为止。他证实了大射手与小射手之间的唯一差别：大射手只是一位继续射击的小射手。

没有伟大的意志力，就不可能有雄才大略。青少年们，可能目前摆在你面前的困难让你产生了放弃的念头，但你要记住，你的意志力往往决定着你的人生，挫折也好，磨难也罢，它们更多的是伤害一个人的肉体，只要你的心灵选择坚强，就能勇敢地去挑战困难。

## 西点启示

德国诗人席勒说："只有恒心才能使你达到目的。"一个人在确定了奋斗目标以后，若能持之以恒，始终如一地为实现目标而奋斗，目标就可以达到。

这一启示告诉青少年们，必须从现在起，培养自己的恒心。为此，青少年们可以从以下几个方面努力：

1. 目标坚定

知道自己所求为何物，是第一步，而且也许是培养恒心毅力最重要的一步。强烈的动机可以促使人超越诸多困境。

2.自立自强

相信自己有能力执行计划，可以鼓舞一个人坚持计划不放弃。

3.计划确实

即使是不太扎实的计划，不够实际的计划，都能鼓励人坚忍不拔。

4. 正确的知识

知道自己的明智计划是有经验或以观察为根据，可以鼓励人坚定不移；不知情而光是猜想，则易摧毁恒心毅力。

5. 合作

和他人和谐互助、彼此了解、声息相通，容易增长恒心毅力。

6. 意志力

集中心思，拟构确切目标，可以带给人恒心毅力。

7. 习惯

恒心毅力是习惯的直接产物。人们会吸取滋长心智的日常经验，并且化身为其中的一分子。

# 第4章

## 天道酬勤，惜时勤奋方能大有可为

——像西点军人一样不断进取，铸造辉煌

# 持久的忍耐力，铸造出千年不朽的利剑

自古以来，耐心被认为是一个人心理素质优劣、心理健康与否的衡量标准之一，也是人生未来成功的关键因素之一。有句俗话说，“心急吃不了热豆腐。”这正说明耐心与成功的关系。而在心理学上，耐心属于意志品质的一个方面，即耐力。它与意志品质的其他方面，如主动性、自制力、心理承受力等有一定的关系。忍耐力也就是意志上的韧性，是把痛苦的感觉或某种情绪长时间地抑制住、不使其表现出来的能力。顽强忍耐的人，跌倒了再爬起来，这样力量也在一次次的跌倒和爬起中不断增长。作为一个年轻人，生活中的青少年们，你们在意志的果断性、忍耐性和顽强性上磨炼自己，是十分必要的。培养自己的耐心不仅对自己学习上有帮助，而且对今后的人生道路也有很大的影响。

西点认为，钢韧相济、顽强有力，是一个优秀者意志良好的表现。若缺少了其中一个方面的因素，在意志的品格上都不算完整，称不上是具有良好健康的意志素质。在中国的古战场上，曾经发生过这样一个故事：

寒冬腊月的一天，一名守将带领着自己的士兵继续守护着自己的城市，但不幸的是，这座城市很快被围，情况危急。守将决定派一名自己信得过的士兵去河对岸的另一座城市求援。这名士兵马不停蹄地赶到河边的渡口，但却看不到一只船。平时，渡口总会有几只木船摆渡，但由于兵荒马乱，船夫全都逃难去了。士兵心急如焚。他的头发都快愁白了，因为能否过河，不仅关系到自己的生命，还关系到整个城市百姓的生死。

时间一点点地过去，很快太阳落山了，夜幕降临了。黑暗和寒冷，更是让这名小士兵感到了恐惧与绝望。更糟的是，刮起了北风，到了半夜，又下起了鹅毛大雪。士兵瑟缩成一团，紧紧抱着战马，借战马的体温取暖。他甚至连抱怨自己命苦的力气都没有了，只有一个声音在他心里重复着：活下来！他暗暗祈求：上天啊，求你再让我活一分钟，求你让我再活一分钟！当他气息奄奄的时候，东方渐渐露出了鱼肚白。

士兵牵着马儿走到河边，惊奇地发现，那条阻挡他前进的大河上面，已经结了一层冰。他试着在河面上走了几步，发现冰冻得非常结实，完全可以从上面走过去。士兵欣喜若狂，牵着马从河面轻松地走了过去。城市就这样得救了，得救于士兵的忍耐和等待。

这名士兵正是和每一个西点军人一样，具备超强的忍耐力。正是这种忍耐力，让他以超强的意志力战胜了寒冷和绝望，拯救了自己，也拯救了人民。的确，作为一名军人，只有扛起责任，把国家、人民的安危放在心上，才能忍得旁人所难以忍受的东西，经受住各种考验，使自己不断地积蓄力量，增强忍耐力和判断力，发挥一个军人的本色。

涉世之初的青少年们，心怀远大抱负，都想轰轰烈烈地干一番事业，然而，纷纭复杂的现实世界并不像他们想象得那么美好。坎坷、荆棘布满生活道路上，你只有具备忍耐力，才能过五关斩六将，取得最后的成功。而同样，一个人追求学术、积聚实力也需要忍耐力的支持。

齐白石是中国近代画坛的一代宗师。齐老先生不仅擅长书画，还对篆刻有极高的造诣，但他也并非天生掌握这门技艺，他也是经过了非常刻苦的磨炼和不懈的努力，才把篆刻艺术练就到出神入化的境界。

年轻时候的齐白石就特别喜爱篆刻，但他总是对自己的篆刻技术不满意。他向一位老篆刻艺人虚心求教，老篆刻家对他说："你去挑一担础石回家，要刻了磨，磨了刻，等到这一担石头都变成了泥浆，那时你的印就刻好了。"

于是，齐白石就按照老篆刻师的要求做了。他挑了一担础石来，一边刻，一边磨，一边拿古代篆刻艺术品来对照琢磨，就这样夜以继日地刻着。刻了磨平，磨平再刻。手上不知起了多少个血泡，日复一日，年复一年，础石越来越少，而地上淤积的泥浆却越来越厚。最后，一担础石终于统统都被“化石为泥”了。

这坚硬的础石不仅磨砺了齐白石的意志，而且使他的篆刻技艺也在磨炼中不断长进，他刻的印雄健、洗练，独树一帜，达到了炉火纯青的境界。

一位自考毕业的青少年去应聘一家外贸公司经理秘书。但是，公司却给他安排了一个行政部文员的职位。青少年想了一下，觉得只要自己耐心做好文员的工作，一样很好。于是，就答应了。青少年的工作是负责接待客人和复印、打印等琐事。同事们总是把一些需要复印和打印的文件一股脑儿堆在青少年的桌子上，然后告诉他哪些需要复印、哪些需要打印、每种各需要多少份。青少年总是耐心地记录着各种要求，然后仔细地做。

有好几次，青少年的认真检查避免了公司的损失。因此，青少年真地被提拔为经理秘书。

他是这样对人说的：“工作虽然简单，但是只要有超凡的耐心和细心，就会取得成功。” 生活中的青少年们，倘若你也能如此，具备这样的忍耐力，你也能在平淡中积聚实力，最终实现自己人生的腾飞。

## 西点启示

能忍耐的人，能够得到他所要的东西。忍耐是成功之路，忍耐能转败为胜。对所有的人来说，希望和耐心是两剂有特效的良药，也是人在患难中最可靠的依托和最柔软的依靠。确信无法突破的时候，首先要选择的是等待。

从这一启示中，青少年们，你们需要从现在起培养自己的忍耐力。对此，你们可以这样做:

（1）你要具有热切愿望所支撑的明确目标。这样，你才能持久地保持。

（2）你要制订明确的计划，要按部就班地去执行。

（3）对于那些打击你意志力的意见，要统统地拒绝。

（4）你要经常和那些能够赋予你信心和勇气的人交往。

当然，自制力是一种很微妙的心理活动，要做到自制，不是很容易的事，要循序渐进，切不可急躁，每天给自己制定一个自制力强于昨天的目标，这样，会在不知不觉中提高，只要达到就是成功。

# 时间是绝对公平的，看你如何利用

生活中，总是有人抱怨命运不公、生活不公等，总是说："如果……我就能……"而实际上，这个世界上没有那么多的"如果"，你需要做的就是把握现在，珍惜时间，努力充实自己，因为最公平的是时间，抱怨只能带来时间的浪费。生活中的青少年们，你们更应该懂得这个道理，年轻就应该奋斗，争夺一分一秒的时间，合理地安排时间，最大限度地提高时间的利用率。因为成功与失败的界限就在于怎样分配时间，怎样安排时间。每一个成功的西点人都有强烈的时间观念。

毕业于西点军校的范德比尔特先生认为，不准时乃是一种难以宽恕的罪恶。

有一次，他与一个请求他帮忙的青年约好，某天早晨的10点钟在自己的办公室里见那位青年，陪那位青年去会见一位火车站站长，接洽铁路上的一个职位。但到了那一天，那个青年去见范德比尔特时，比约定的时间竟迟了10分钟。所以，当那位青年到达范德比尔特先生的办公室时，范德比尔特先生已经离开办公室，去出席一个会议了，因此便没有见到。

事实上，每个成功的西点人都有范德比尔特先生这种超强的时间观念。劳伦斯说："成功做事的秘诀，首要一点就是要养成准时的习惯，可是一般人的习惯往往是一再拖延。"

对军人来说，时间就是生命，错过 1 分钟可能造成整个战役的失败。西点军人对时间的观念来自拿破仑的教训。

拿破仑因晚了 1 分钟而兵败滑铁卢的故事大家应该都很熟悉。拿破仑十分

珍惜时间，他知道，每场战役都有“关键时刻”，能否把握住这一时刻决定战争的胜败，稍有犹豫就会导致灾难性的结局。拿破仑说，奥地利军队之所以不敌法国军队，是因为奥地利军人不懂得1分钟的价值。同样，历史毫不留情地在拿破仑身上重演。在滑铁卢企图击败拿破仑的战役中，那个生死存亡的上午，他自己和格鲁希就因为晚了1分钟而被敌人打败，布吕歇尔按时到达，而格鲁希晚了一点，就因为这短短的1分钟，拿破仑被送到了圣赫勒拿岛上，成了阶下囚。

为此，每个西点人都养成了准时的习惯。一个出操常常迟到、开会常常延期的军人，根本无法在军队中立足。这样的学员即使是一个很诚实的人，迟到和延期出于其他的原因，但无论怎样的原因，都无法弥补不准时给他带来的负面影响。开会准时的学员，无形中也会增加他自己的时间，延长自己的生命。

同样，生活中的青少年们，你应该回想一下，曾经的你是不是宁愿把时间花在嬉戏玩耍上，而却忽略了学习；你是不是曾经慨叹时间不够，却不曾好好珍惜时间去规划一件事？如果你已经意识到了自己正在浪费时间，那么，就请树立合理利用时间的意识吧，争取能在最短的时间发挥最大的效率。

珍惜时间，就要想办法提高做事的效率。培根说得好：“时间和做事的关系，就像金钱和货物的关系一样；一件事做得太慢，费时太多，就像是为一件物品支付了过高的价格。”因此，我们应经常动脑思考，寻找可以改进的地方。我们的效率通常总是可以提高的。

苏联昆虫学家柳比歇夫的时间统计方法值得我们去学习。柳比歇夫的成就，要归功于他那枯燥乏味的日记本——“时间统计册”。

柳比歇夫每天都要核算自己花费的时间，56年如一日，从未少过一天。他每天记下各种事情的起讫时间，经过准确的时间统计，柳比歇夫把一昼夜中的有效时间即纯时间算成10小时，分成3个“单位”，或6个“半单位”，分别从事两类工作。第一类是创造性的科研工作，如写书、研究等；第二类是不属于直接科研工作的其他活动，如作学术报告、讲课等。除了最富于创造性的第一类工作不限死时间以外，所有计算过的工作量，都竭力按时完成。

的确，可能你会觉得柳比歇夫的时间统计方法很枯燥，执行起来也很费力，但却不失为一个逐渐提高工作、学习效率的好办法。青少年们，如果你也能学习柳比歇夫的时间统计方法，你会终身受益。正如一位成功的西点人士说的："你应该在一天中最有效的时间之前订一个完整的计划，仅仅十几分钟就能节省1个小时的工作时间，牢记一些必须做的事情。"

诺贝尔奖获得者雷曼的体会更加深刻，他说："每天不浪费剩余的那一点时间。即使只有五六分钟，如果利用起来，也一样可以产生很大的价值。"把时间积零为整，精心使用，这正是古今中外很多科学家取得辉煌成就的妙招之一，值得我们借鉴。

人生的成功，就是一场与时间赛跑而不断获得成功的过程。为此，你就必须时刻保持百倍的警惕，不要让时间偷走了你的生命。要控制好时间，以一种精打细算、有效率的方式利用你所拥有的时间。

从这一启示中，青少年们，你需要确立明确的目标，用积极的态度去努力，不等待，不彷徨，抓紧每一天的分分秒秒，你就会每天都有收获，每天都在前进。为此，你需要做到：

（1）能够事前制订计划，合理组织行动。

（2）实行时间表，优先做重要的和基本的事，估计每一步所需的时间。

（3）将重大事情分为若干小部分，这样你就会有成就感。

（4）把一段时间内的精力集中在一点上，如做作业时不吃零食、不说话。

（5）万事马上就做，彻底完成。做半件事的人，往往会感到力不从心，虽然你最不喜欢这样做，却能够使你得到满足和动力。

（6）保证充足的睡眠。

（7）生活的快乐源自心灵的希望，不变的自信终将迎来成功的辉煌。

# 早一点勤奋，早一点获得幸福

有人说，人生如梦，在须臾之间就已老去。可见，如果我们在人生的路上少走弯路，早一点迈开成功的步伐，在人生的道路上就会走得更平稳、顺利，也就能早日拥有幸福。生活中的青少年们，虽然你现在年纪轻轻，但唯有从现在起脚踏实地为成功奋斗，树立奋斗的信念并付诸实施，才不至于老之将至时悔之已晚。因为幸福、成功，都不会是天下掉馅饼，这是自古不变的道理。任何一个人，即使再天资聪颖，不付出努力，就不能有所作为。才以学为本，学而为智者，不学而为愚者。想练就非凡的技艺，就要多训练、多吃苦、多研究。追求卓越，没人能完全松懈，要像上紧发条的时钟一样。日日行，不怕千万里；常常做，不怕千万事。

在西点军校，每位学员都是你们的榜样。比如，西点毕业的学员都能做到专心地听讲，真正地对不了解的事情感兴趣。因为西点人认为，天才也免不了有障碍，障碍更会创造天才。障碍不可免，困难不可怕，最重要的是脚踏实地地学习，勤修苦练，持之以恒。学习的时候比一般人更加努力，就能够弥补自己在才能方面的不足。

和西点军人一样，任何一个成功者，无不是在认识到勤奋的重要性后就着手努力、用辛勤来浇灌成功的。

60年前，加拿大一位叫让·克雷蒂安的少年，说话口吃，曾因疾病导致左脸局部麻痹，嘴角畸形，讲话时嘴巴总是向一边歪，而且还有一只耳朵失聪。听一位医学专家说，嘴里含着小石子讲话可以矫正口吃，克雷蒂安就整日在嘴里含着一块小石子练习讲话，以致嘴巴和舌头都被石子磨烂了。

母亲看后心疼得直流眼泪，她抱着儿子说："孩子，不要练了，妈妈会一辈子陪着你。"克雷蒂安一边替妈妈擦着眼泪，一边坚强地说："妈妈，听说每一只漂亮的蝴蝶，都是自己冲破束缚它的茧之后才变成的。我一定要讲好话，做一只漂亮的蝴蝶。"

功夫不负有心人。终于，克雷蒂安能够流利地讲话了。他勤奋且善良，中学毕业时不仅取得了优异的成绩，而且还获得了极好的人缘。

1993年10月，克雷蒂安参加加拿大总理大选时，他的对手大力攻击、嘲笑他的脸部缺陷。对手曾极不道德地说："你们要这样的人来当你的总理吗？"然而，对手的这种恶意攻击却招致大部分选民的愤怒和谴责。当人们知道克雷蒂安的成长经历后，都给予他极大的同情和尊敬。在竞选演说中，克雷蒂安诚恳地对选民说："我要带领国家和人民成为一只美丽的蝴蝶。"结果，他以极大的优势当选为加拿大总理，并在1997年成功地获得连任，被国人亲切地称为"蝴蝶总理"。

一个口吃少年变成人人敬仰的"蝴蝶总理"，他真的如蝴蝶一样，实现了自己人生的蜕变。在他的成功之路上，真正的动力就是辛勤和努力。虽然他刚开始有缺陷，但也正是缺陷的存在，才使得他认识到幸福与尽早努力的关系。

可能有些青少年会有疑问：我现在努力会不会已经晚了？当然不是，你要做的就是收拾自己的心情，然后梳理好自己的思绪，从现在开始，为成功奋斗，"不叫一日闲过"！

著名画家齐白石年逾90，每天仍作画5幅。他说："不叫一日闲过。"他把这句话写出来，挂在墙上以自勉。一次，他过生日。由于他是一代宗师，学生朋友很多，从早到晚，客人络绎不绝。白石老人笑吟吟地送往迎来，等到送走最后一批客人，已是深夜了。年老的人，精力是差了，他便睡了。第二天他一早爬起来，顾不上吃早饭就走进画室，摊纸挥毫，一张又一张地画着。家里人劝他："你吃饭呀。""别急。"画完5张后，才用饭，饭后他继续作画。家里人怕他累坏了，说："您不是已画了5张吗？怎么还要画呢？""昨日生日，客人多，没作画。"齐白石解释，"今天多画几张，以补昨日的'闲过'呀。"说完，他又认真地画起来了。

齐白石已为画坛成功者，年迈之时仍不忘勤奋，这不正是告诉我们：奋斗不分年龄，只要你把握现在吗？

从现在起，青少年们，你需要重新审视自己，不管你的才干如何，尽早努力都会给你带来幸福：如果你有伟大的才干，勤勉将会增进它；如果你只有平凡的才能，勤勉也可以补足它。“业精于勤荒于嬉”，也许你听说过有些聪明人很懒惰，但你却不会听说伟人很懒惰。所以你要时刻提醒自己：“成事在勤，谋事忌惰。”

## 西点启示

世界上没有一件有价值的东西，可以不通过辛勤劳动而获得。不吝惜自己汗水的人，也必将会有丰厚的收获。一个成功者的成功之处就在于他总是比别人多付出一些，比别人多向前迈进一步。

从这一启示中，青少年需要明确以下几点：

1. 习惯是最好的老师

如果勤奋已经成为一种习惯，那么，它就能变成一种理所当然的事。就像习惯睡懒觉的人认为早起是痛苦的，但习惯于早起的人却把早起当作一件平常不过的事，因为早起对于他们来说已经是一种习惯。

2. 要有坚定的决心和持之以恒的毅力

这是老生常谈的话题，但依然重要。那么，如何做到中途不放弃？你要有良好的心态，乐观的精神和自信心。很多人选择目标后又中途放弃，就是因为觉得坚持这么久，没有成果，觉得自己学的没有用。其实，条条大路通罗马，既然选择了自己的路，就要毫不犹豫地走下去，一直在原地徘徊，犹豫不决，不知是否该前进，只能让时间白白流走而已。

3. 要找到适合自己的勤奋之道，也就是方法

你可以根据自己的性格特征找到一条自己的路。比如在看书上，每人每天都有自己的兴奋点比较高的一段时间，你在这段时间可以看一些自己并不是很感兴趣的书籍，而在心情比较低落的时候看一些自己喜欢的书，调节一下。

# 厚积薄发，学习是点滴的积累

生活中，每个人都经历过学生时代，我们深知，学习从来就不是一件一蹴而就的事，学习是点滴的积累，我们每多读一本书，在不经意间，就已增长了你的阅历、经验。量积累到一定程度必然将引起质变。很多成功者都是在不断地学习中厚积薄发的。生活中的青少年们，长辈们始终教育你们要踏踏实实学习，端正学习态度，才会实现以后的腾飞。要知道，随着社会竞争的加剧，只有通过学习获得更多的筹码，我们才能在竞争中占据有利的位置。从西点毕业的每个成功人士，之所以能在各行各业独占鳌头，与他们在实力累积时期的努力是紧密关联的。

在西点，学员们都被鼓励去参加“专业军事高级教育”课程（选修）。这一课程规定了西点每一级别的学员要承担的责任，包括从战斗技巧到军事法律辅导等多方面的内容。但是否参加这些课程完全是自愿的。当然，没有选择参加这些课程的学员们自然也就没有被提升的机会了。西点四年级学员兰迪·霍珀说：“观察任何一位做成大事的管理者，最关键的是他们有牺牲精神。不做出牺牲，就没法管理。”西点军校著名校友艾尔伯特·哈伯特也说过：“年轻人需要的不只是学习书本上的知识，也不只是聆听他人种种的指挥，而是要加强一种敬业精神，对上级的托付立即采取行动，全心全意完成任务。”

做到努力学习是西点学员每天的功课，因为学习是点滴的积累。西点前校长潘莫将军就说过：“细枝末节最伤脑筋。”他的意思是说，即使是最聪明的人设计出来的最伟大的计划，执行的时候还是必须从小处着手，整个计划的成败就取决于这些细节。关注细节，就是留意身边的小事情，学习也是如此，积极对待学

习，做好积累，这样，我们才能够抓住瞬间即逝的机会，实现人生的突破。

从西点军人身上，每个青少年都应懂得努力抓住生活中一点一滴的机会学习的重要性，从现在开始好好珍惜青春的大好年华，努力学习，让你的人生在学习中升值，让生命在勤劳中闪光。

当我们观察成功人士的环境时，会发现他们的背景各不相同。那些大公司的经理、著名的传教士、政府高级官员以及各行业的知名人士都可能来自贫寒、破碎家庭、偏僻的乡村甚至于贫民窟。这些人现在是社会上的领军人物，但他们的成功无不是从小事做起，不断学习继而不断强大的。

全世界最早的现代成功学大师和励志书籍作家、曾经影响美国两任总统及千百万读者的成功学大师的拿破仑·希尔深知成功就是一连串的奋斗。对此他特意讲了一个故事：

“我最要好的朋友是个非常有名的管理顾问。一走进他的办公室，马上就会觉得自己‘高高在上’似的。办公室内各种豪华的摆设、考究的地毯、忙进忙出的人潮以及知名的顾客名单都在告诉你，他的公司的确成就非凡。但是，就在这家鼎鼎有名的公司背后，藏着无数的辛酸血泪。他创业之初的头六个月就把十年的积蓄用得一干二净，一连几个月都以办公室为家，因为他付不起房租。他也婉拒过无数的好工作，因为他坚持实现自己的理想。他也被顾客拒绝过上百次，拒绝他的和欢迎他的客户几乎一样多。在整整七年的艰苦挣扎中，我没有听他说过一句怨言，他反而说：‘我还在学习啊。这是一种无形的，捉摸不定的生意，竞争很激烈，实在不好做。但不管怎样我还是要继续学下去。’他真的做到了，而且做得轰轰烈烈。我有一次问他：‘把你折磨得疲惫不堪了吧？’他却说；‘没有啊！我并不觉得那很辛苦，反而觉得是受用无穷的经验。’看看‘美国名人榜’的生平就知道，这些功业彪炳千秋的伟人都受过一连串的无情打击。只是因为他们都坚持到底，才终于获得辉煌成果。”

拿破仑·希尔正是希望通过这个故事，告诉生活中的人们，天下哪有不劳而获的事？成功需要一连串的奋斗，不管遇到什么样的困难，不忘时刻积累经验、总结教训，做到不断学习的话，那么，即使失败，你也会更上一层楼，你就一定可以实现自己的理想。

生活中，青少年们，如果你想获得成功，就应该从今天起，从这一刻开始，摒弃对小事无所谓的态度。因为每个人所做的工作，都是由一件件小事构成的，对小事敷衍应付或轻视懈怠，将影响你最终的工作成绩。想要成就一番事业，必须从简单的事情做起，从细微之处着手，在工作中学习，不断提高自己。成功者的共同特点，就是能做小事情，能够抓住生活中的一些细节，踏踏实实地做下去。

## 西点启示

伟大的文学家鲁迅成功的一条重要经验就是珍惜时间。鲁迅的整个一生都是在拼时间。他说："时间，就像海绵里的水，只要你挤，总是有的。"事物的发展变化，总是由量变到质变的。如果想成就一番事业，一定要学会用零碎的时间学习整块的东西，做到点滴积累，系统提高。

这一启示告诉青少年们，只有不断积累，才能换来成功，对此，你需要做到：

1. 学习需要专注

攀登峭壁的人从不左顾右盼，更不会向脚下的万丈深渊看上一眼，他们只是聚精会神地观察着眼前向上延伸的石壁，寻找下一个最牢固的支撑点，摸索通向巅峰的最佳路线。同一办法对你也能有所帮助。每逢做事情时，不要把注意力放在你面前的整个任务上，最好先拟定第一个步骤——它必须是你确信自己能完成的，尔后再拟定第二个，第三个，如此各个击破，最终实现自己的目标。

2. 善于总结

无论学习的效果怎样，只有做到及时总结，才会及时反省，尤其是对于错误和失败。要知道，成功出自于错误中学习，因为只要能从失败中学得经验，才永不会重蹈覆辙。失败不会令你一蹶不振，这就像摔断腿一样，它总是会愈合的。大剧作家兼哲学家萧伯纳曾经写道："成功是经过许多次的大错之后得到的。"

# 勤奋进取，你将步入新的高度

生命在进取中生息不止，事业在进取中蒸蒸日上，人类在进取中超越自我，创造卓越，没有进取，恐怕社会无法前进，“生命不息，奋斗不止”，不应只是成功者的做事原则，也应该成为众多普通人的共识。

而现今社会，知识经济的到来，各种技术日新月异，已经对生活在这个时代的人提出了新的学习要求，如果你没有不断学习的意识，不通过学习了解掌握新技术，那么你跟不上时代的发展是必然的。生活中的每一个青少年，都是新时代的主人，可能现在的你已经小有成就，但你不能就此停滞不前，激烈的竞争要求你需要不断进步，而求知与不满足是进步的第一必需品。生命有限，维系成功的唯一法门在于终生学习，在新的方向不断探寻、适应以及成长，这样，你将步入新的高度。每个成功的西点人都是这么做的。

西点告诉学生，在学校里获取教育仅仅是一个开端，其价值主要在于训练思维并使其适应以后的学习和应用。西点告诉学生要把握生命的每分每秒，把学习当为终生的事业来做。

西点文化是一种残忍而又公正的文化，学员们尤其了解自己在组织中所处的等级。军官们就像一个会行走的个人成功标志牌，他们的袖口佩带有袖条，每一杠表明 4 年的服役期；他们的肩上佩有肩章，表明他们在那一时期晋升到的级别。合理的时间范围内，西点学员应力求晋升。西点曾经向新学员提出挑战：“你们具备少数令人骄傲的军官所具有的素质和能力吗？”在西点不存在平级调动。他们要么晋升要么出局，留下来的全在西点，新学员总是在最底层。他们学习如何跟随并听从上级的命令，并按命令去做。

二年级学员由1至2名组成一个小组，第一次担当军事管理者的角色，学习在互相信赖的基础上发展与其下属的亲密关系，并直接对新学员的表现负责。

反过来，二年级学员向三年级学员汇报，每个三年级学员负责由2至3名二年级学员和相应4至6名新学员组成的班。

三年级学员充当新学员队伍的军官角色，他们必须实行间接管理。他们还对一年级学员负责，但必须通过二年级学员来指导行为，因此必须学会用以身作则来激励下属。

四年级学员掌管全局。开学前的夏季，他们负责新学员和二年级学员的为期6周的训练。到了8月，他们在学员等级体系中担任军官的角色。

正是这样严格又严密的晋升制度，让每个西点学员不断进取、坚持不懈、不断攀登，因为稍有松懈，他们就可能会被淘汰。虽然说西点学员是在最好的军校受训，但是他们还是有很强的危机感。不被社会认可或被淘汰掉，这不仅是学员自己不能忍受的，也是西点军校不能接受的，因为，西点只意味着成功和进步。

生活中的青少年们，虽然并没有西点学员的这种压力，但你要明白，任何人，只有不断为自己充电，才能更新已经获得的知识，跟上时代的步伐；也只有努力攀登顶峰的人，才能把顶峰踩在脚下。

毕业于西点军校的ABC晚间新闻的成熟稳健又广受欢迎主播彼得·詹宁斯，在当了3年主播之后，就作了一个很大胆的决定——他辞去了人人艳羡的主播职位，决定到新闻第一线去锻炼记者的工作技能。经过几年的历练之后，他才又回到ABC主播台的位置。

当今时代是知识经济的年代，经济发展瞬息万变，科技进步一日千里，知识更新日新月异，各种竞争日益激烈。新知识、新事物、新经验层出不穷。作为新时代的宠儿，青少年们，要想适应社会发展，与时俱进，只有不断学习、不断进步才能实现。

汉·刘向《说苑·建本》中，晋平公向师旷问道：“我年龄七十，想要学习，恐怕已经晚了。”

“怎么不点燃蜡烛呢？”师旷回答说：

“哪有做臣子的戏弄他的君王的呢？”晋平公说。

“盲臣怎么敢戏弄自己的君王呢？我听说这样的事，少年时喜欢学习，如同早晨的阳光；壮年时喜欢学习，如同中午的阳光；老年时喜欢学习，如同点燃蜡烛的光亮。点燃蜡烛之明和昏昧地行动相比较怎么样呢？”师旷说。

“（说得）好啊！”晋平公说。

的确，可能有些青少年会认为，从现在开始勤奋学习，会不会为时已晚？当然不是，要知道，学习不分早晚，人的一生都是宝贵的，都是学习知识、受教育的时间。只要从现在开始努力，你一样可以做到不断进步。

## 西点启示

“吾生也有涯，而知也无涯”，当今时代，知识更新的速度大大加快，实践无止境，学习也无止境。

这一启示告诉青少年们，既然年少，就难免有些轻狂。但这不能成为我们懒惰和不进取的理由。时间要靠自己把握和积累，哪怕只是利用自己一些空闲的时间，哪怕你已经人到中年，你也一样可以弥补年轻时的遗憾，甚至取得意想不到的成就。只有不断更新自己的知识结构，才可能不断提升自己。

为此，你可以做到：

1. 把学习深入贯彻到生活中

一个青年问苏格拉底：“怎样才能获得知识？”

苏格拉底将这个青年带到海里，海水淹没了年轻人，他奋力挣扎才将头探出水面。苏格拉底问：“你在水里最大的愿望是什么？”

“空气，当然是呼吸新鲜空气！”

“对！学习就得使上这股子劲儿。”

成功，取决于人的能力；而能力，则取决于人的学习——归根到底，成功取决于学习。不断地学习知识，正是成功的奥秘！但学习来不得半点虚假，只有把学习融入到生活中，引起足够的重视，才能有所成效。

2. 勇于克服困难

最能表现一个人进取心的是勇于克服困难，战胜困难的精神。也就是说，要想进取，就要扫除追求成功路上的各种障碍，畏惧困难，退缩不前，是无法做到进取的。

# 学习的是知识，得到的是能力

当今世界经济已从工业经济时代进入到知识经济时代，可以说，人才的竞争就可以归结为知识的竞争。现代社会的青少年们，要想让自己在知识经济的大潮下具备竞争优势，就必须学习知识。可能有些青少年会问，无论从事什么职业，不是能力更重要吗？的确，知识并不是一种能力，而是能力发挥的资本和基础，能力的获得渠道之一就是学习，能够把知识运用于现实中的人，就是有能力的。

任何一个成功的西点人，都不忘学习知识。西点作为一个培养成功者的学校，深知对真理的执着是建立在对知识和科学的渴求基础上的。在西点，学员不仅仅是接受严格的军事训练，更要刻苦学习各类的文化知识。西点相信，一个符合现代社会要求的军人，除了有过硬的军事本领和才能，更要有丰富的知识。

西点军校的每个学员都必须接受高强度的训练，而这样的训练，也是为了获得真正的竞技能力。从古希腊哲学家的角度看，人的体能、心智、精神三者在互动的过程中终将达到完美的平衡。为此，西点麦克阿瑟将军讲道：“在赛场上所表现出的竞技精神，为战争爆发那个时刻播下了胜利的种子。”也就是说，日常严格的体能训练和竞技比赛，为西点学员在危险的状况下提供了一种超人的体能、意志和精神。

西点学员为了在当今竞争激烈的军界中胜出，他们从训练中吸取经验，探寻智慧的启发以及有助于提升效率的资讯。不管西点学员是要攀上国防部的顶峰，还是希望在目前位置上获得良好声誉，他都得具备学习、吸收、适应以及运用资讯的能力，让自己的专业技能随时保持在巅峰的状态。西点学员对自己的技能层次时时保持警觉，并且探寻能够让他的专业技能更上一层楼的机会。

英国的蒙哥马利元帅曾经多次到西点军校访问和讲演，他对学习的浓厚兴趣和执着的精神给西点学子树立了光辉的典范。据有人观察，蒙哥马利嗜好很少，他不喝酒，不抽烟，不好女色，不爱交际，他一生中唯一的兴趣和爱好就是军事；他最关心的就是训练、作战、胜利。正是这种别人无法比拟的敬业精神，使蒙哥马利能够在同辈人中出类拔萃，声名卓著。

蒙哥马利非常热爱自己的职业，并为此不断学习。为了争取到印度服役，蒙哥马利刻苦学习印度的乌尔都语和普什土语，以便与印度士兵沟通联系。为了能使用和管理营里的运输工具，他把野战勤务条令背得滚瓜烂熟，并对有关骡马的知识也作了深入的了解。正是由于他这种热爱职业的敬业精神，使他在世界军事史上留下了光辉的形象。

一些成功人士无一不受益于学习，在外部条件相同的环境下，爱学习的人思想更成熟，考虑问题更全面，面对困难时能够用知识、智慧去解决，这就是一种能力，也就说，一个人学习的是知识，但真正获得的是能力。

的确，每个青少年都知道，知识不能代表能力，但这是否就说明你们可以只注重能力的培养，不用学习新的知识呢？

歌德曾经说过："并不是有水的地方都有青蛙，但是青蛙叫的地方必定有水。"如果把知识比作水，那么青蛙便指的是能力。并不是有了知识就有能力，但能力的培养是离不开知识的学习的。古人云，"才以学为本"、"非学无以成才"。歌德也曾说过："一切才能都要靠知识营养，这样才有施展才能的力量。"知识犹如人体血液一样宝贵，能力犹如人的生命一样重要。人没有血液，便会失去生命；没有知识，能力就成了"空中楼阁"。抽象的、空洞的能力是没有的，只有具体的吸收知识、运用知识的能力。这样的能力，总是随着知识的学习和积累而逐渐形成和发展起来。没有知识，能力就失去了发展的基础，是不会有大作为的。

比如一个只懂得很少几味药材药性的医生，是不会开出好处方的。能力和知识相互联系，相互促进。一般说来，知识储备越丰富，可供调用的知识越多，运用起来就可能越灵活，产生新的思想的可能性就越大，能力就越大。纵观古今，大凡杰出的人才都必定是知识渊博的大学问家，而且正是渊博的知识使他们成为了杰出的人才。

诚然，生活中，青少年们，你会发现，有些知识储备大的人却发挥不出自己的能力，但这并不表明我们可以否定知识。因为这些知识丰富的职业人常自陷于自己知识的格局内，以至于无法成大功立大业。

汽车大王亨利·福特曾经说过这么一句话："越好的技术人员，越不敢活用知识。"福特是在企业经营上屡次发现增产方法的人。他为了增产和技术人员研商时，技师往往说："董事长，那太难了，没有办法的，从理论上着眼，也是行不通的。"而且技术越好的人，越有这种消极的个性，这令福特大伤脑筋。在日本，常听人说"白领阶级是弱者"这句话。其实仔细想一下，所谓"白领阶级是弱者"这句话是可笑的，学历良好，有丰富知识的人，不可能是弱者。实际上如果没有一定的知识水准的话，办不了的事着实很多。但为什么那么多人说知识阶级是弱者呢？这是因为白领们陷于自己的知识格局内而不能活用的关系。

## 西点启示

知识和能力是相互促进的，我们要意识到我们学习知识的最终目的是为了增强我们的能力。我们学习的是知识，得到的是能力。

从这一启示中，青少年应该能正确看待知识与能力之间的关系，为此，你需要做到：

1．掌握好理论知识

这类知识即我们从书本上学到的知识，只有强有力的理论指导，才能减少我们在实践操作中的错误。

2．做好知识与能力的转换

我们只有将所学的知识转化为能力，才能不受知识的束缚，影响我们能力的发挥。

3．不要让理论知识束缚手脚，否定自己的能力

在面对一项工作时，一个人如果对有关知识了解不深，他会说："做做看。"然后着手埋头苦干，拼命地下功夫，往往能完成相当困难的工作。但是有知识的人，常会一开头就说："这是困难的，看起来无法做。"这实在是画地为牢，且不能自拔。

# 懒惰会让聪明人变成笨懒汉

生活中，每个人都有懒惰的心理，这是人类的天性。只是有些人能克服自己的惰性，并能以勤奋代之，最终取得成功；而有些人则任由懒惰这条又粗又长的枯藤来缠着自己，阻挡着自己的前进。生活中的青少年们，正值朝气蓬勃的年纪，万不可荒废时间、浪费时间。

古人云："业精于勤，荒于嬉；行成于思，毁于惰。"这句话告诉你们：学业由于勤奋而精通，但它却荒废在嬉笑声中，事情由于反复思考而成功，但它却能毁灭于随随便便。无论何人，即使是天才，如果不克服懒惰，也会变成一个懒汉。王安石笔下的仲永最终沦为众人就证明了这一点。而相反，在西点军校，任何一个学员骨子里憎恨的都是糊涂、懒惰、不精确和漫不经心。

生活中，可能很多的青少年总是把"不"、"不是"、"没有"与"我"紧密联系在一起，其潜台词就是"因为……我没有……"而这实际上只不过是在为自己寻找懒惰的借口，也是没有责任感的表现。一个没有责任感的员工，不可能获得同事的信任和支持，也不可能获得上司的信赖和尊重。如果人人都寻找借口，无形中会提高沟通成本，削弱团队协调作战的能力。

也有一些青少年，总是喜欢拖延，而实际上，拖延就是懒惰的表现。习惯性的拖延者通常也是制造借口与托辞的专家。他们每当要付出劳动，或要作出抉择时，总会找出一些借口来安慰自己，总想让自己轻松些、舒服些。

而在西点军校，每一个新生学员所接受的第一个观念就是：没有任何借口，不要拖延，立即行动！

当今世界，无论是职场还是商场，都如战场，工作就如同战斗。要想在商场上立于不败之地，就必须拥有高效的执行力。任何一个经营者都知道，对那些做事懒惰的人，是不可能给予太高期望的。

可见，任何一个青少年，都要形成如西点军人般的勤奋好学、立即执行的习惯。因为只有克服懒惰，努力奋斗才会充实你的人生，为你的人生获得成功不断增加砝码。

韩愈3岁就父母双亡，依靠哥哥及嫂嫂郑氏抚养长大。他7岁就知道努力学习，出口便成文章。11岁时，哥哥因为受到牵连，贬官岭南。他跟着哥哥嫂嫂迁到南方。15岁时，哥哥又死了，韩愈跟着嫂嫂，带着哥哥的灵柩，万里奔波，归葬中原。又值中原多事，兵荒马乱，全家又迁居到宣州（今安徽宣城）。可以说韩愈命途坎坷，历尽艰苦。但是，凄凉孤苦的身世，颠沛流离的环境，不仅没有打垮他，反而更激发了他刻苦自修、好学不倦的毅力。韩愈曾在《进学解》一文中，借学生的口气说出他在治学方面所下的功夫：他嘴里不停地念着六经的文章，手里不住地翻阅着诸子百家的书籍；“焚膏油以继晷，恒兀兀以穷年”（膏，油脂，指灯烛。晷，日光。后以“焚膏继晷”形容勤奋学习），意即非但白天苦读，夜里还要点油灯继续用功，经年累月，努力不懈。正是靠着这样的努力，韩愈才达到学问精湛，尤其是散文写得气势磅礴，文采斐然，成为“唐宋八大家”之首的大文豪。

虽然韩愈的一生坎坎坷坷，但勤奋的他最终还是取得了文学上的辉煌。人的本性中，有很多消极的部分，其中就有惰性，而无疑，懒惰是成功的阻碍。为此，每个渴望和西点军人般成功的青少年就必须做到自律，克服惰性。有一项调查结果显示：很多犯人之所以会身陷囹圄，大部分是因为他们缺乏最基本的自制力。一个人只有先具备了自制能力，才能去控制别人。因为一个自我失控的人，最先毁灭的是他自己。

勤奋可以使聪明之人更具实力，而相反，懒惰则会使聪明之人最终江郎才尽，最终成为时代的弃儿。

南北朝时，有一位名叫江淹的人，他是当时有名的文学家。江淹年轻的时候很有才气，会写文章也能作画。可是当他年老的时候，总是拿着笔，思考了

半天，也写不出任何东西。因此，当时人们谣传说：有一天，江淹在凉亭里睡觉，做了一个梦。梦中有一个叫郭璞的人对他说："我有一支笔放在你那里已经很多年了，现在应该是还给我的时候了。"江淹摸了摸怀里，果然掏出一支五色笔来，于是他就把笔还给郭璞。从此以后，江淹就再也写不出美妙的文章了。因此，人们都说江郎的才华已经用尽了。

青少年们，年轻的你是聪明的，但如果你不继续学习，就无法使自己适应急剧变化的时代，就会有被淘汰的危险。而学会了克服懒惰并能不断学习，一切都会随之而来。只有善于学习、懂得学习的人，才能具备高能力，才能够赢得未来。

面对惰性行为，有的人浑浑噩噩，意识不到这是懒惰；有的人寄希望于明日，总是幻想美好的未来；而更多的人虽极想克服这种行为，但往往不知道如何下手，因而得过且过，日复一日。但实际上，只有那些能与惰性作斗争并最终克服惰性的人，才与成功有缘。

从这一启示中，青少年们，具体来说，你应该怎样同懒惰作斗争呢？

（1）学会肯定自己，勇敢地把不足变为勤奋的动力。

学习、劳动时都要全身心投入，争取最满意的结果。无论结果如何，都要看到自己努力的一面。如果改变方法也不能很好地完成，说明或是技术不熟，或是还需完善其中某方面的学习。

（2）列出你立即可做的事。从最简单、用很少的时间就可完成的事开始。

（3）每天从事一件明确的工作，而且不必等待别人的指示就能够主动去完成。

（4）保持寻找，每天至少找出一件对其他人有价值的事情去做，而且不期望获得报酬。

克服懒惰，正如克服任何一种坏毛病一样，是件很困难的事情。但是只要你决心与懒惰分手，在实际的生活学习中持之以恒。那么，灿烂的未来就是属于你的！

# 学习其实是世上最幸福的事

我们发现，古今中外，凡有成绩者无不在追求成功的过程中对学习有着浓厚的兴趣，兴趣推动着他们孜孜不倦地追求而取得成功。这些人都能充满激情地投入到学习中，把学习当成一件幸福的事，例如，科学家丁肇中用6年时间读完了别人10年的课程，最后终于发现了“J粒子”，是第一位获得诺贝尔奖学金的华人。记者问他：“你如此刻苦读书，不觉得很苦很累吗？”他回答：“不，不，不，一点儿也不，没有任何人强迫我这样做，正相反，我觉得很快乐。因为有兴趣，我急于要探索物质世界的奥秘，比如搞物理实验，因为有兴趣，我可以两天两夜，甚至三天三夜待在实验室里，守在仪器旁。我急切地希望发现我要探索的东西。”

人们常说“兴趣是最好的老师”，而同样，兴趣是学习最好的推动力。任何一个青少年，你都要树立正确的学习态度，只有积极主动地学习，才会使你永远立于不败之地。人要勇于驾驭自己的命运，这是成功的要义。如果连学习都需要别人推着前行，摆脱不了对别人的依赖，那么你将永远是一个弱者。

在西点军校，学习对于每个学员来说，都是一件自觉的事，正是这点，让很多西点毕业生成为各个行业的佼佼者。他们谨记西点著名学子、美国第34任总统艾森豪威尔的话：“才能出众者才堪担当重任；而努力学习，刻苦训练，是获得才能的唯一途径。”

“热情的态度是做任何事的必要条件。任何学员，只要具备了这个条件，都能获得成功。”西点军校赛尔西奥·齐曼将军也道出了西点军校成功的奥

秘。西点军校十分注重一些细微之处培养学员的热情和积极性。西点学员都要学习解决生活中遇到的问题，譬如补鞋这个看似简单的工作，学员把它当作艺术来做，全身心地投入进去。无论是一个小小的补丁还是换一个鞋底，学员们都会一针一线地精心缝补。

青少年们，你只有对学习感兴趣，才能把心理活动指向和集中在学习的对象上，使感知活跃，注意力集中，观察敏锐，记忆持久而准确，思维敏锐而丰富，激发和强化学习的内在动力，从而调动学习的积极性。

西点人的榜样列宁同样告诉生活中的青少年们，充满热情地学习，会给你带来无穷的力量。

一个人爱好学习，勤奋读书，就会学有所获。列宁的成功让我们明白，任何人，只要具备了学习的热情，无论外在条件多么艰苦，他们都能汲取到知识带来的营养。而如果你被动地学习，那么，你只能停留在知识的储存和记忆上而不能正确地运用它，你的学习就是低效或者无效的。正如微软公司全球副总裁李开复说过的，如果我们将学过的知识忘得一干二净，最后剩下来的东西就是教育的本质了。所谓“剩下来的东西”，是指自学的能力，也就是举一反三或无师自通的能力。

## 西点启示

人生路需要自己走，学习的过程同样如此。学习是一件幸福的事，只有具备这样的心态学习，把学习当成人生乐事，你才能孜孜不倦地追求知识，才能有所作为。

这一启示告诉生活中的青少年们，你需要有意识地培养自己对学习的热情，对此，你可以做到：

1．积极期望

积极期望就是从改善学习者自身的心理状态入手，对自己不喜欢的学习内容充满信心，相信它是非常有趣的，自己一定会对它产生信心。想象中的“兴趣”会推动我们认真学习它，从而逐渐对学习产生兴趣。

2. 从可以达到的小目标开始

在学习之初，确定小的学习目标，目标不可定得太高，应从努力可达到的目标开始。不断的进步会提高学习的信心。

3. 了解学习目的，间接建立兴趣，培养热情

学习目的，是指你要明白，学习的结果是什么，为什么要学习。学习过程多半都是要经过长期艰苦努力的，这种艰巨性往往让人望而却步，所以要认真了解学习的目的。如果你能对学习的个人意义及社会意义有较深刻的理解，就会认真学习，从而对学习产生浓厚的兴趣。

4. 培养自我成功感，以培养直接的学习兴趣

在学习的过程中每取得一个小的成功，就进行自我奖赏，达到什么目标，就给自己什么样的奖励。有小进步，实现小目标则小奖赏，如让自己去玩一次自己想玩的东西；有中进步、实现中目标则中奖励，如买一本自己喜欢的书画或乐器等；有大进步、实现大目标则大奖励，如周末旅游等。这样通过渐次奖励来巩固自己的行为，有助于产生自我成功感，不知不觉就会建立起直接兴趣。

# 第5章

## 热血奋勇，尽情冒险乐于接受挑战

——像西点军人一样热情勇敢，勇攀高峰

# 勇气让你走出美丽幸福的人生

在开放的全球化世界中，随机性和偶然性越来越大，往往变幻莫测，难以捉摸。在如此不确定的环境里，勇气就成了最宝贵的资源。人这一生最可悲的不是没有能力，而是没有勇气。当机遇一次次擦肩而过时，如果没有勇气去抓住，那么其他方面再怎么强也没有用。相反有了充足的勇气，哪怕自己的条件比不上别人，成功的机会也比别人更多。生活中的青少年们，无论你失去什么，都不能失去勇气。无论是爱情事业还是其他的人际关系，勇气都是你走进目的地的钥匙。比如，当暗恋上了一个人却没有勇气开口，那只会给自己带来更大的痛苦。抓住时机去表白，或许那个人真的会成为你的爱人。在事业上同样如此，工作中没有万无一失的成功之路，在追求的道路上，总会有那些不可预料的险滩沼泽，无处不在的风险，随时都会出现在每个人的面前。如果胆小怕事，就不可能获得成功。风险中肯定有困难，但困难中蕴藏着巨大机会的种子。

在西点，每个学员都是勇士，他们把每次艰苦的训练都当成“勇敢者的游戏”。因为战争具有很大的偶然性，更需要大胆和冒险，如果在战机出现时不敢冒险，可能就丧失了赢得战斗的良机，这便是西点教给学员的战斗理念。另外，西点还设置了勇士站，以鼓励西点的学员们变成真正的勇士。

有一个勇士站是以德尔克命名的。德尔克在1872年的一次海战中，为了能不断地向敌人射击，他在桅杆间纵横跳跃。为模仿他，新学员站在树墩上朝一根距离稍远的悬空的绳子跃去，他的队友们在下面小心地接住他。由于绳子设计得太短，他掉在了队员们的怀抱里。

学长第一个跳，他也够不着绳子，掉在了两个半月以来他一直冲着大喊大叫的新学员的怀里。有意思的是，这是新学员们第一次碰到他们的学长，用手臂揽着他，结结实实地支撑着他们的“上司”。然后，新学员们一个一个接着跳，也同样掉在了队友们的怀里。

勇士站的活动即将结束，所有新学员都围成一个半圆，由学长指挥。这时的学长声音温和，几乎完完全全像个导师，就德尔克的英雄事迹向新学员们提问。勇士站被西点队员视为一个学习平台。

通过这一次次的冒险训练，学员们逐渐都变成了善于把握机遇的“冒险专家”，多次智慧的大胆行动都赢得了意想不到的成绩。

青少年们，你们也要像这些西点的勇士一样有勇气，要有冒险精神，一马平川的发展可能会比较顺利，但绝不会有所作为，只有勇气才能让你在机遇面前敢于尝试，敢于冒险，才能得到别人所得不到的。

比尔·盖茨说：“所谓机会，就是去尝试新的、没做过的事。可惜在微软神话下，许多人要做的，仅仅是去重复微软的一切。这些不敢创新、不敢冒险的人，要不了多久就会丧失竞争力，又哪来成功的机会呢？”

微软只青睐具有冒险精神的员工。他们宁愿冒失败的危险选用曾经失败过的员工，也不愿意录用一个处处谨慎却毫无建树的员工。在微软，大家的共识是：最好是去尝试机会，即使失败，也比不尝试任何机会好得多。

曾经有过这样一个招聘故事：

一天，某公司总经理向全体员工宣布了一条纪律：“谁也不要走进8楼那个没挂门牌的房间。”但是，他没有解释为什么。此后真的没人违反他的这条“禁令”。

三个月后，公司又招聘了一批员工。在全体员工大会上，总经理再次将上述“禁令”予以重申。这时，只听一个新来的年轻人在下面小声嘀咕了一句：“为什么？”总经理听到后并没有因这位新人的不礼貌而恼怒，只是满脸严肃地答道：“为什么！”回到岗位上，那个年轻人百思不得其解，还在思考着总经理为什么要这样做。其他工友则劝他只管干好自己的那份差事，别的不用瞎操心。因为“听总经理的，总是没错”。可那个年轻人偏偏来了犟脾气，非要把事情弄个水落石出不可。于是他决定冒公司之大不韪，走进那个房间探个究竟。

这天，他爬上8楼，轻轻地叩了叩那扇门，没有反应。年轻人不甘心，进而轻轻一推，虚掩着的门开了（原来门并没有上锁）。房间里没有任何摆设，只有一张桌子。年轻人来到桌旁，看到桌子上放着一个纸牌，上面用毛笔写着几个醒目的大字——“请把此牌送给总经理”。

年轻人拿起那个已落满灰尘的纸牌，走出房间似有所悟，乘电梯直奔15楼总经理办公室。当他自信地把纸牌交到总经理手中时，仿佛期待已久的总经理一脸笑意地宣布了一项让年轻人感到震惊的任命：“从现在起，你被任命为销售部经理助理。”

在后来的日子里，那个年轻人果然不负厚望，不断开拓进取，把销售部的工作搞得红红火火，并很快被提升为销售部经理。事后许久，总经理才向众人做了如下解释：“这位年轻人不为条条框框所束缚，敢于对上司的话问个‘为什么’，并勇于冒着风险走进那些‘禁区’，这正是一个富有开拓精神的成功者应具备的良好素质。”

其实，很多成功的门都是虚掩着的，只有勇敢地去叩开它，大胆地走进去，才能探寻出个究竟来。或许，那时呈现在你眼前的真的就是一片崭新的天地。毕竟，勇气是成功的前提。敢于突破禁区者，必有意想不到的收获。

## 西点启示

在许多时候，成功者与平庸者的区别，不在于才能的高低，而在于有没有勇气。有足够勇气的人可以过关斩将，勇往直前，平庸者则只能畏首畏尾，知难而退。

每个青少年都将面临未来社会激烈的竞争，无论是职场还是商场上，同样需要勇气，并且有时需要很大的勇气。它虽然没有硝烟，但有时候面临的恐惧足以摧垮人的意志。但你要想有所发展，实现更大价值，无论什么时候，只要有可能，就要主动接受困难的任务，多承担些责任，不害怕失败，就会成为一个勇士！

# 有勇无畏，热血男儿走四方

生活中，我们经常听到这样一句话："世界从来都给无畏的人让路"，任何困难在毫无畏惧的人面前都将失色，他们总是能乘风破浪，不给畏惧任何侵袭自己的机会。"勇敢"是一个想获得成功的青少年必不可少的品质。要取得成就有很多必要条件，其中的一条非常重要，那就是：勇气。青少年们，要记住：若失去了财产，只失去了一丁点；若失去了荣誉，就丢掉了很多；若失掉了勇敢，就把一切都失掉了。勇敢的人到处有路可走，并会越走越宽。西点军校正是看到这点，所以把勇气的培养放在了关键的位置。当然西点所培养的并非是不顾一切，不计后果的莽夫，而是临危不惧、沉着冷静的勇者。

西点智能发展方针有3个目标，第一个是："高水平的智能、精神承受力和果断性，带有理性的勇气和正直、责任心和主动性。"

无论是怎样严苛的训练或是磨炼，在西点人眼里都是"勇敢者的游戏"，只有凭借勇气才能克服这些考验。在西点，各项训练是艰苦的，如果你不能忍受而选择逃避或是放弃，你就是一个逃兵，西点需要勇者，不需要逃兵！在培养勇气方面，西点有它独特的方法。教官知道学员有一种理性的克服恐惧的方法，教官会故意加重学员的焦虑。没有恐惧，勇气是培养不出来的。

但实际上，在有些青少年身上，"好男人热血走四方"似乎只是一种口号。他们敬仰如西点军人般的勇敢，更在电影中看到了勇敢者的身影，并很容易想象自己勇敢的时候是什么样子。但是当突然需要他们拿出勇气时，他们却有点不知所措：他们其实一点也不勇敢，还会因为恐惧而感到恶心。我们甚至可以用“意志薄弱”、“两腿打颤”、“脚底发凉”以及“战战兢兢”等词语来描述他们在畏惧时的心态。每个青少年在人生路上都需要勇气，但却因为畏惧而退缩了，这才是人生的悲剧。

在西点军校，巴顿决定锻炼胆量和勇气。并时刻以“不让恐惧左右自己”自勉。在骑术练习和比赛中，他总是挑最难越过的障碍和最高的跨栏。甚至有时不惜拿自己的生命当赌注。这一点，成功的松下幸之助也做到了。

松下先生在大阪电灯公司工作约七年，离职以后，开始独立做生意。

当然，离开工作七年之久的大阪电灯公司，松下的内心并非毫无依恋之情，自立之后依然如此。

松下认为，假如不图自立，那么，这一生很可能就这样庸庸碌碌地工作下去了。他一想到这里，谋求自立的勇气就更加坚定。

抱着这样的想法，松下对于自立所产生的不安就平淡多了，同时也不再那么迷惘，因此最后下定了自立的决心。松下虽然也遭遇到很多困难，但总算能够把事业继续下去，而有幸不必重回大阪电灯公司工作。后来公司日趋壮大，但他的想法并无丝毫改变。有人这样问过松下：“松下先生，如果你的事业失败的话，你打算怎么办？”

松下毫不考虑地回答：“真到了那个时候我就去卖面包。我一定要做出比别人更好吃的面包，让客人大饱口福。”

也就是说，他一直抱着失败了重新再来的态度。他认为人生没有永远的失败，一时的失败不足为惧。一个人如果能够怀着这种态度和心境的话，那么，不安和疑虑就会减至最低限度，而拿出勇气继续奋斗下去。

青少年们，也许你一直认为自己只是一个普通的人，承受不了失败，也经受不起摔打，这种想法是荒谬的。缺乏探索、进取的心态会削弱你的意志，产生不健康的心理影响。因为一旦失去勇气，人的精神就会彻底瓦解。畏惧只会让你因循守旧，而这正是你一直碌碌无为的原因。

## 西点启示

无畏是灵魂的一种杰出力量，正是靠这种力量，英雄们在那些最突然和最可怕的事件中，才能以一种平静的态度把持自己，并继续自由地运用他们的理性。一个人只有控制了怯懦，才会在生活中始终乐观而健康。

这一启示告诉青少年们，必须克服畏惧，让勇气充满内心，然后放手一搏，你终将会成功。但青年人由于初涉世事，尚未经历成功与失败的淬炼，的确容易畏惧，那么，你该怎样克服这种畏惧、培养勇气呢？

1．积极的心理暗示

“让我再试一试”是成功者的必由之路。要试出好的结果，就要装出非常勇敢，无所畏惧的样子，而且全身心地表现出来。西奥多·罗斯福，原先也有胆怯自卑的缺点。他在自述中写道：“有一次，我读到一本书，其中有一段告诉主人公怎样克服恐惧：‘人们可以装作不害怕的样子，时间一长，假的就不知不觉变成真的了。’我相信了这种说法。那时我害怕的东西多得很，后来我让自己装出不怕的样子，慢慢地果然就不怕了。我想，人们只要愿意，可能都会有这样的经验的。”詹姆士对此也有同感，他说：“这样，英雄气概就会取代懦夫之怯了。”

2．自发学习，提高预见力

这主要是通过提高对事物的认知能力，扩大认知视野，提高预见力，对可能发生的各种变故做好充分的思想准备，就会增强心理承受能力。对此，你需要培养乐观的人生情趣和坚强的意志，通过学习英雄人物的事迹，用英雄人物勇敢顽强的精神激励自己的勇气。在平时的训练和生活中有意识地在艰苦的环境下磨炼自己，培养勇敢顽强的作风。这样，即使真正陷入危险情境，也不会一下就变得惊慌失措，而是沉着冷静，机智应付。

3．积极参加心理训练，提高各项心理素质

比如：进行模拟危险情境训练，设置各种可能遇到的情况，进行有针对性的心理训练，形成对危险情境的预期心理准备状态，就能够有效地战胜紧张和不安等不良情绪，提高心理适应性和平衡性，增强信心和勇气，以无畏的精神克服恐惧心理。

# 冒险不能傻“冒”，要有一定的实力

生活中，我们每个人都有自己的能力极限，我们并不是万事皆能的全才，这也就要求我们做事要量体裁衣，自己感到难以做到的事，要勇敢地鼓起勇气，承认自己的不足，不能逞匹夫之勇，让事情没有挽回的余地而最终失败。在这个处处充满风险的社会，只有用头脑和实力来指导自己作决策的人，才能在社会竞争中占有自己的一席之地。每个青少年都瞻仰那些成功的勇者，但同时也为那些因为有勇无谋而失败的人感到惋惜，那么，从现在起，在冒险之前，先积累自己的实力吧，毕竟，冒险不能傻“冒”。青少年们敬仰的西点人都是勇气与理智兼备的。

西点军校很重视学员勇气的培养，鼓励学员大胆冒险，尤其是一种“理性的勇敢”。“理性的勇敢”不是那种路见不平，拔刀相助的勇敢，不是那种“有所不屑”就出手相搏的勇敢。或者说不是简单的血气之勇，不是三分钟热血的冲动。“理性的勇敢”更多地表现为临危不惧、冷静分析、坚持到底并在一定实力的基础上敢于冒险的原则。

西点学员毕业后就是军队的管理者，他的勇敢不是单纯的个人行为，而是一个整体效应，是带有责任的勇敢。克劳塞维茨在《战争论》中指出，军官的职位越高，就需要深思熟虑的智力来指导胆量，使胆量具有内在的力量，在追求目标的时候不至于冒很大的风险。因为军人的职位越高，涉及个人牺牲的问题就越少，涉及他人和全体安危的问题就越多。

西点是深知个中滋味的。所以西点人的冒险活动都不是逞匹夫之勇。西点

通过一系列军事训练、体育活动，包括冒险的“生存滑降”等，不断激发学员的内在勇敢，使他们能够在战争需要的紧急关头无所畏惧地冲上去。同时，在文化教育过程中，西点着重智力开发、思维训练，不断提高学员认识问题的层次，使他们在有胆中增识，在有识中强胆。

生活中经历过数次失败的青少年们，你是否反省过：你的创业经过详细规划了吗？你考虑到风险性的大小了吗？你在这行业的经验足够让你应付困难吗？如果你的答案是否定的，那么，你应该重新审视自己失败的原因。任何职业都不会一帆风顺，都有艰险，但任何职业都没有军事管理者所要面临的困难艰险多。军事斗争需要打打杀杀，实际比任何职业的心理负荷都大，付出的心理能量都多。如果你能做到西点军人般四年如一日的积累实力、锻炼自己，那么，你也必将具备充足的实力去探险！

现实生活中，那些白手起家直到成功的人除了敢闯外，他们成功的最主要因素就是他们有能力闯。南京欧威机械制造有限公司董事长陈长明以3000元起家，后来拥有6000万元资产，就说明了这个道理。

高中毕业后，陈长明来到乡农机站当起了工人。1986年，陈长明借了3000元开始创业。1993年前后，他发现当地的造船业发展很快，于是就转向船舶设备的生产。由于陈长明技术好，他的产品很快就有了知名度。然而好景不长，机械制造行业进入了低谷。在困难时期，陈长明研究市场，寻找发展机会。1999年，陈长明开始接触并生产绑扎件。陈长明坚持质量第一，着力打造精品。他的产品引起了一家合资企业的兴趣。虽然他的工厂规模小，设备简陋，但凭借自己的真诚，与那家合资企业建立起了合作关系。随后，陈长明的企业开始了快速发展。

从陈长明的创业故事中，我们发现，他的成功有两点原因：第一，他敢于冒险，陈长明为了筹措创业资金借了高利贷。这是常人所不敢的。这一点告诉渴望创业的青少年们，如果你对创业的渴望强烈到无以复加的程度，你就会不惜一切代价为创业创造条件；无论创业需要什么条件，你都能创造出来。如果你只有一种创业念头，却没有渴望，那么任何一个困难都可能打消这种念头。

第二，他具备实力，练就了超一流的技术。有了高超的技术，他对成功的信心就会强烈；潜心研究市场，使他发现了机会，一个有着高超技术的人发现了机会，创业的冲动就会更加强烈。

## 西点启示

一个人既要具备实力，又要有决断的魄力和胆识，才能敢于闯新路、勇于攀高峰。许多商场上的行家里手，政坛上的风云人物都有胆有识，且具有决断魄力，在关键时刻，为得虎子，敢入虎穴。

这一启示告诉青少年们，要想跻身成功者的行列，除了具备冒险意识外，还得具备实力。你需要做到以下两点：

1. 敢于突破自我和固有模式

人们的冒险意识通常都是在日复一日、一成不变的活动中逐渐磨灭的。但年轻时代，就应该敢闯敢做，初生牛犊不怕虎，即使碰壁，也不能面壁。

2. 蓄势待发，在冒险之前做好积累工作

西点有钢一般的纪律。被喻为西点沙漠的阿拉伯疯子的西点前校长阿比扎伊德曾说过：“纪律就是高压线，危险只有在你去碰触它的时候才发生，你们要做一个守纪律的人，就要学会自制。”

的确，在你为腾飞积累实力的时候，你可能受到某些情绪的干扰，此时，你需要学会自制。你要知道，每个人都兼具理性与感性，对任何事都要用理智作衡量，大部分的行为要以理性为出发点。跟着感觉走，想做什么就做什么是人类向低等动物的退化，而用理性指导感情，该做什么就做什么，才能避害趋利，干出一番事业来。

# 积攒实力，时刻蓄势待发

在日本，有种武士道精神，或许人们对此有着各式各样的解释，但是它教给我们最重要的一课是——立身处地中升潜进退的真义。当我们不经常去做一件事时，就绝不去做它，然而，当我们必须去做一件事时，必得以壮士断腕的精神，坚决地去做。这就是所谓的武士道精神。这一精神是每个青少年需要学习的。要做好一件事，最重要的就是实力。具备实力，才能把事情做得尽善尽美，否则，即使你再有勇气，再努力，似乎都是徒劳。举个很简单的例子，与海、与河、与大自然搏斗的渔夫，他们如果没有丰富的经验，也容易遇到在波涛之中失事，遭到海藻的缠绕、旋涡的吞噬等海难事故。遇此事故，普通人必然挣扎努力一番。而有经验的渔大则知道，只要稍稍停止不动，不那么惊慌失措与恐惧，慢慢地就可以浮出水面了。

可见，只有实力达到一定程度，才能形成经验，关键时刻帮助我们渡过难关。每个成功的西点人的成就都不是一蹴而就的，他们四年如一日的学习和训练，正是他们日后蓄势待发并取得成功的保证。

美军装甲部队的创建者之一、西点军校1909届毕业生乔治·巴顿在美军有一个外号“赤胆铁心”，这个外号最能反映巴顿尚武的个性。巴顿是美军中要求部下军纪最严，训练最苦的将军。所以把他的部队锻造成为了美军最有战斗力的部队。

1897年，巴顿出任第二装甲师代理师长，并晋升为陆军准将。巴顿决心把这群“乌合之众”训练成超一流的战斗部队。为了达到这个目的，巴顿对部队施以严格的纪律和高强度的训练。他对每一项工作都制订了很高的标准，坚决要求每个单位和个人都要达标。为此，他经常耐心地向将士们解释平时训练与打胜仗的关系，他经常说的一句话是："一品脱美国人的汗水可以挽救美国人的一加仑鲜血。"

巴顿将军的话是正确的，一个军人，只有随时训练自己，让自己整装待发，才能担起国家和人民的责任，才能在关键时刻不掉链子。每个青少年也应该记住这个道理，别让自己留下"书到用时方恨少"的遗憾，平常若不充实学问，临时抱佛脚是来不及的。

生活中，有一些青少年总是抱怨机会不光临自己，然而当升迁机会来临时，再感叹自己平时没有积蓄足够的学识与能力，以致不能胜任，也只好错失良机。也有一些青少年，在人生的某一个阶段取得了骄人的成绩就骄傲自满，认为自己已经成功了。而实际上，这应该只是人生历程上的一次成功的博弈，是具有理性思维的一次成功的投机，而不是人生的成功。真正成功的人生应该是：每时每刻都要有一种生生不息的进取心和每时每刻都要有为实现理想而奋起直追的魄力和勇气。

对人生的态度，原以为是"一份耕耘，一份收获"，这是前辈的教诲，是千百年来华夏文化的历史积淀，人生的成功并不在于你现在收获的是什么，而在于你是否时刻保持成功的心态。偶然的收获只是你进行下一次博弈的赌注，并不是赢得赌局的资本；要想赢得下一个赌局，就一定要时刻积聚实力和锻炼勇气。

你是否有这样的经历，在人生的某一个路口，准确地说，是某一个岔口，你有一个实现人生飞跃的机会，然而你面对面前的挑战力不从心，没有积攒足够的实力实现飞跃。抑或有过这样的经历，在人生的某一个岔口，你有一次超越自我的机会，然而你却对面前的挑战望而却步，因为你没有锻炼出足够的勇气接受挑战。人生可能在一次次这样的挑战面前黯然失色，人生也可能在一次次这样的挑战面前五彩斑斓。规则只有一个：谁时刻拥有成功的心态、参与的实力和挑战的勇气，谁就会拥有成功的人生。也就是说，只有让勇气和实力兼

备，你才会成功，并不断超越自己，超越梦想。

## 西点启示

通常我们所说的命运的转折点，只是我们之前努力所争取到的机会。有的人，由于自身的原因，即使偶有机会降临，也难以很好地把握住。而有些人，平时加倍努力，时刻准备，更易受到机遇的垂青。

有人曾经总结："成功的人生，一言以蔽之：蓄势待发。"这句话应该成为每个渴望成功的青少年的人生格言。那么，从现在起，你就需要做到：

1．脚踏实地，为成功积攒实力

只要你把希望同脚踏实地的努力联系起来，在平凡的工作中埋头苦干，总会找到成功的机遇。机遇就在你的脚下，每一个青少年都有成功的机会，一个人只要热爱眼下的岗位，矢志不渝地努力，成功就不过是迟早的问题。

2．为成功创造机会

任何人的成功都是来自于自觉自愿地去寻找机会、发挥创造力。那些甘于沉沦和平庸的人最终只会沉沦和平庸下去；而那些主动执行、善于创造机会的人，则会从最平淡无奇的生活中找到一丝微小的机会，用自身的行动改变了他们的处境。

# 果断但不武断，胆大不失心细

当今社会是充满风险和变数的社会，无论我们做什么，都不会一帆风顺，都会有艰险。但这并不代表减少风险的方法就是不去冒险，不去冒险其实是最大的危险。在风险中求生存和发展，在风险中寻找机遇，需要我们果断但不能武断，胆大但不失心细，这才是一种理智的冒险，才更有把握冒险成功。生活中的每个青少年都要克服自己的武断和粗心大意的缺点，凡事三思而后行，这样能有效减少很多不必要的挫折。

西点认识到勇气对于学员的重要性，故而把勇气培养放在日常训练的第一位，然而，西点军人也并不是鲁莽行事，为了冒险而冒险。在决定做某件事情前，他们一定会挖掘足够的信息，然后准确预测出“有所作为的风险”和“无所作为的风险”，这样的冒险才是最智慧的选择，才能使自己立于不败之地！

麦克阿瑟就是西点人冷静、具有非凡的勇气的代表，他即便在面临敌人的炮火时也毫不退缩，完美地体现了“假如你选择了军队，就不要害怕牺牲；假如你选择了天空，就不要渴望风和日丽”的西点精神。

在查塔努加之战中，当时初出茅庐的麦克阿瑟所在团奉命向一座陡峭的高地发起冲锋，因受到猛烈火力的压制而溃退下来。副官麦克阿瑟中尉深知被压在高地上进退维谷，十分危险，只有占领高地，才能保存自己。于是，他带领3名掌旗兵突然出现在山坡上，挥旗挺进。第一个士兵倒下了，第二个、第三个士兵也倒下了，这时，麦克阿瑟毫不畏惧地从倒下的士兵手中接过军旗继续前进，并高声呐喊：“冲啊，威斯康星！”部队如梦初醒，怒吼着冲上高地。

胜利了，麦克阿瑟却精疲力竭地倒在地上，烟尘满面，血染征衣。司令官谢里登奔上山顶，一把抱起这位年轻的副官，呜咽着对士兵说：“要好好照顾他，他的实际行动真正无愧于任何荣誉勋章。”麦克阿瑟非凡的勇气让他成了团里的英雄，一年之内连续得到晋升，成为该军中最年轻的团长和上校。当时，他年仅19岁，从“娃娃副官”变成了“娃娃上校”。

麦克阿瑟的司令部虽然设在隧道里，但他却把家仍安在地面上，经常冒着遭空袭的危险。每次空袭警报一响，妻子琼便带着小阿瑟奔向一英里远的隧道，而麦克阿瑟不是稳坐在家中，就是跑到外面去看个究竟。

在一次空袭中，麦克阿瑟从隧道里跑出来，毫不畏惧地站在露天下，观察日军飞机的空中编队，数着飞机的数量。他的值班中士摘下头上的钢盔给他戴上，这时一块弹片正好打在这位中士拿着钢盔的手上。奎松得知此事后，立即给麦克阿瑟写了一封信，提醒他要对两国政府、人民及军队负责，不要冒不必要的危险，以免遭到不幸。但麦克阿瑟把他的这种举动看作自己的职责，认为在这样的时刻，让士兵们看到他同他们在一起会是高兴的。

年轻时代的麦克阿瑟就显示出了非凡的勇气，在查塔努加之战中，看上去，他是在逞血气之勇，实际恰恰相反。他很清楚，被压制在火力之下，敌人的援军一到他们谁也别想活，冲上去夺取阵地，抢到先机就能立于不败之地。牺牲难免，但这牺牲是必要的、值得的，也是必须的选择。而在后来的空袭中，我们可以发现，看上去拿生命开玩笑的麦克阿瑟实际上却很心细，观察日军飞机的空中编队，数着飞机的数量，了解这些，对于了解双方的作战实力是极有帮助的。

“无畏是灵魂中的一种杰出力量”，正是靠这种力量，西点的每个成功者都能像麦克阿瑟将军一样，即使遇到那些最突然和最可怕的事件，也能以一种平静的态度把持自己，并继续自由地运用他们的理性。一个人只有控制了怯懦，才会在生活中始终乐观而健康。

的确，每个成功的人都是在恰当时机冒险的人。血气方刚、敢闯敢做是每个青年人的特点，但同时，缺少历练的他们又缺少一些理智。于是，他们更容易做出果断的决定，但粗心大意也容易使他们忽略细节上的问题，而这些，都构成了失败的因素。青少年们，你也要让自己拥有这种成功者的冒险精神，但不要盲目冒险，成功只光顾那些既有头脑、又有勇气的人。

## 西点启示

勇敢并不是需要你不顾一切往前冲，并不是简单的血气之勇，不是三分钟热血的冲动。“理性的勇敢”更多地表现为临危不惧、冷静分析、坚持到底的原则。

这一启示告诉青少年，要做到理性的勇敢，就必须做到：

1. 目的明确，在目标召唤下勇敢地去做、冒险地去做

敢想敢做并没有错，但不能无厘头，任何有计划的行动才更有成功的胜算。因此，你无论在做什么事之前，都要反问自己：这件事的可实施性大吗？还有什么没有计划到的？计划越是周详，越能应付出现的问题和危险。

2. 勇敢行动，不要瞻前顾后

心细、思虑周全并不是说要瞻前顾后，过多考虑失败的后果，那样只能让你畏首畏尾，什么也不敢做。你不要让恐惧压倒你，不要让风险困扰你，勇敢前进就能达到成功的目标。任何时候如果有任何人或事想要把你击倒，你就顽强撑住！只要对自己有信心，有放手一搏的决心，就不妨采取行动。

# 第6章

## 言行必果，不拖沓，勇敢尝试新思路

——像西点军人一样当机立断，果敢高效

# 主动改正，不给自己的错误找借口

我们知道，人无完人，都有一些弱点，难免会犯错，但人也有懂得改错的优点。当意识到自己做错的时候，首先做的不是如何掩饰自己的错误，而是找到错误的根源，从自身找原因，不要推卸责任，责怪他人。生活中的青少年们，你们也应如此，一个大丈夫有过错不足为奇，但要懂得知错就改，所谓君子之过如日月之蚀，和太阳、月亮一样，偶然有一点黑影大家都看得见，等一下就会过去，仍不失原有的光明。

在西点这个声名赫赫的军事院校里，有一个久远的传统，那就是“没有任何借口”，正是这一点，引导一代又一代的西点人逐步由不自觉到自觉，由不自然到自然地认可和接受一切近乎苛刻的训练与管理，成为素质优良、世人称道的合格军官。

西点纪律的严格或严厉人所共知，而且花样甚多，令人头晕目眩。对高年级学员来说，一个月中如被记过9次，就意味着失去享受周末的权利。如被记过超过每月的最高限额13次，则每超过1次就将受罚，至少要在空地上走1个小时，一般要扛着步枪不停地走1个小时。

西点对于学员的要求是严格的，学员一旦犯错，就需要接受严厉的惩罚，但西点军校这种教育手段的效果是明显的。迄今，它已培养出了22位总统，370多位将军。可见，要培养一支能征善战的队伍，首先就要从军队的纪律抓起，以法治军、以规治军才能提高部队的战斗力。严格的纪律，有法必依，令出必行，不仅是将帅的性格，也应是管理者必备的素质。

比如说某一个学员星期六晚外出，回营晚了1分钟，这样他便会被记过7

分。他的纪律记录可能很好，这个“过”对他来说没什么。但也有可能他本来可以离开西点去过周末，好好享受一番，却被这7分冲掉了。更有甚者，这7分也可能使他超过一个许可的过错定量，从而使他被学校开除。在西点校史记录中，有因超时1分钟而被学校开除的例子。

处罚的手段还有“普通禁闭”和“特别禁闭”。“普通禁闭”是对正在参加校际运动会的运动员采取的，是用来代替罚走的一种惩罚，受到“普通禁闭”的学员在正常享受特权的时间内必须留在自己的寝室里。“特别禁闭”用于那些被军校官员认为犯有特别严重过错的学员。

相形之下，我们有许许多多的人，包括那些人生阅历尚待完备的青少年们，在许许多多的事上有了太多的借口，正是一个又一个堂而皇之的借口编织了原谅自我和存在合理的误区，以致轻易滑过了一次又一次“改正、改善、改造”的机会。君子错了就应自己承认，所以一经发现过错，就要勇于改正，这才是真学问、真道德。

这一点，先贤孔子给我们每个人都树立了榜样。

一次，孔子和他的弟子子路、子贡和颜渊到海州游览。孔子听到隆隆的声响，对子路说：“山的那边在打雷和下雨，为何还要赶着去？”子路说：“这不是雷雨声，而是海浪拍岸之声。”孔子从未见过大海，想到海边去看看大海，于是孔子一行乘车到了海边的朐阳山下。

孔子和他的弟子爬上了山顶，只见水天相连，海阔无际，他们都兴奋极了。这时，孔子感到又热又渴，他让颜渊下山去舀海水来喝。

颜渊拿了盛器正要下山，忽听得身后有人在笑，大家都觉得很奇怪，回头一看，是个渔家孩子，于是就问他笑什么。那个孩子说：“海水又咸，又涩，不能喝。”说完，他把盛了淡水的竹筒递给了孔子。

孔子喝了水，解了渴，十分感激那个孩子，正想道谢，忽然海风吹来了一阵急雨，子路一看着急了，大声嚷道：“糟糕，现在到哪里去躲雨呢？”

那个渔家孩子对大家说：“你们都不用着急，请跟我来！”说完，那孩子就把孔子一行领进一个山洞，这是他平时藏鱼的地方。孔子站在洞口边躲雨，边观赏雨中的海景，不由得诗兴大发，吟出了两句诗：“风吹海水千层浪，雨打沙滩万点坑。”孔子的三个弟子都齐声赞扬孔子的诗作得好，那孩子却持反对态度，他对孔子说：“千层浪、万点坑，你有没有数过？”孔子心服口服地对孩子的反诘表示赞同。

雨停后，那孩子又到海上打鱼去了。孔子回想起刚才发生的几件事，歉疚而又自责地对三个弟子说：“我以前讲过唯上智与下愚不移，看来这并不妥当，还是应该提倡‘学而知之’，‘知之为知之，不知为不知’。”

孔子在当时已是名扬天下的圣人，但是，在一个孩子面前，他认识到自己的不足和错误并勇于承认。这正是孔子的圣贤之处。而在现实生活中，更多的人在遭遇挫折或犯了错误的时候不是反躬自省，而是责怪或迁怒别人。对于自己的过错，他们总会想方设法找出许多理由将其掩盖起来，人对于自己的过错，其实很容易发现，但是人们有个通病，明明知道是自己错了，下一秒钟还找出很多理由来，越想自己越没有错。

## 西点启示

什么是真正的过错？一个人有过错不要紧，过而能改，善莫大焉；如果有过错而不肯改，这才是真正的过错。

这一启示告诉生活中的青少年们，你若想逐步完善自己，就必须去除任何借口，主动改正错误。为此，你需要做到：

1. 做到自省

柏拉图说过，内省是做人的责任，人只有通过内省才能实现美德。一个善于自省的人遇到问题往往会反求诸已，从自己的身上找原因，而不是总把问题推到别人身上。

2. 自我纠错

美国“氢弹之父”爱德华·泰勒具有极好的自我纠错习惯，他经常兴致勃勃地谈起自己的某个最新见解，不久后又会毫不留情地自我否定掉。尽管他的十个见解中往往八九个都是错的，可是他凭借有错就纠的好习惯却能够沙里淘金，做出了不平凡的成就。

# 唯有付出行动才能创造价值

生活中，我们每个人都渴望成功，但实际上，因为害怕失败、无法克服惰性，甚至认为自己没有能力，人们总是不敢跨出为成功献身的第一步。事实上，人的潜能是无限的，你往往意识不到自己竟能做到超出你想象的事情。所以，永远不要小看自己，不要限制自己。立即行动，只有在行动中才能超越自己，创造价值！每个青少年，自身都孕育着无穷的能量。过去成功或失败，并不代表将来能成功或失败，未来靠的是现在，现在做什么，怎样做，要达到什么目标，才能决定未来是怎样。没有行动就没有结果，没有结果就没有成就。要知道，你们敬仰的每个成功的西点人的成功都不仅仅是停留在想法阶段就能达到的。

作为一名西点学员，要完成自己的任务就必须具有强有力的执行力。接受了任务就意味着做出了承诺，而完成不了自己的承诺是不应该找任何借口的。西点相信，有些时候管理者有责任明确地告诉部属该做些什么，而部属也有责任确确实实地完成自己的任务。西点的指挥官，要求新学员专注于所听到的指示和命令，专注于眼前的工作，而不是一边做着白日梦，想着晚餐吃什么、几时要练球、有什么电影上演了。新学员必须专注于所接到的命令，同时迅速、确实、果断地行动；他们还必须学会怎么去听，如何听得仔细、听得专心、听清楚每一个命令的字句，把每一个命令都当作性命攸关的大事。

可以说，没有任何借口是执行力的表现，这是一种很重要的思想，体现了一个人对自己的职责和使命的态度。

然而，现实生活中，有很多青少年抱怨自己的工作繁杂、强度大或者所学的专业和所从事的工作不对口而导致力不从心等，其实，这是很正常的。现在知识呈爆炸式增长，从某种程度上来说，在青年人走出校门的那一瞬间，学校所学的知识都已过时了一半。步入社会和职场的你就如同一张白纸，从那一刻起，你就必须从零开始学习，而一味抱怨、不付诸行动，你将永远停在零的阶段。而只要你去做，你的人生就将无限精彩！

约翰是名保险推销员，除了工作，他最喜欢拿着猎枪和鱼竿到森林里去。一次，他突然想：我为什么不可以尝试在这些地方推销保险？这地方虽然荒凉，但在阿拉斯加铁路那几百公里的线路上，仍有不少铁路工人家庭定居。没有哪个保险推销员愿意来这里展开业务，但约翰想到做到，他立即着手制订计划，做好一切准备。此后，约翰一直往返于铁路沿线，向那些铁路人推销保险单，同时，他也像往常一样走遍大山，钓鱼，打猎。人们很喜欢他，亲切地称呼他“徒步约翰”。一年过去了，约翰的业绩竟然超过100万美元。

这个故事告诉每个青少年，凡事先行动起来，在行动中去尝试、去完善、去奋斗、去超越、去增添勇气，创造奇迹。不行动，一切都不会实现。

同时，有时候，很多人空有一腔抱负或者想法，却因为没有用实践来验证，而最终只能一事无成。

有两个都想过富裕生活的人，其中一位是学富五车的教授，另一位是目不识丁的文盲，两个人是邻居，为了共同的目标经常一起聊天。每次，教授都滔滔不绝地讲他的致富理论，各种办法层出不穷；那位文盲也不多说，只是认真地听，并且不停照教授的办法去行动。

过了几年，文盲当真成为了百万富翁，教授却还是原地踏步，只是继续他的高谈阔论。

这个故事同样说明：坐而言不如起而行。学到的东西，不能只停留在理论的层面上，只有及时把它们应用到实践中，才能创造价值，持续行动，获得成功。

行动具有极强的激励作用，一旦你行动起来，你就会不断获取新知、实现目标，这样会大大激发你的斗志，超越自己，超越别人。青少年们，踏入社会后，你需要做到：知行合一，知即是行，行即是知，观念和知识从行动中获

得，在行动中实践；成功没有秘诀，就是在行动中不断尝试，在行动中检验自己、改变自己，继续尝试，最终达到成功。

## 西点启示

在行动中去增添勇气、创造奇迹；一旦行动，你会愈战愈勇，一次行动收获一些成绩，再行动再获成绩，斗志和成就会激励你奋勇向前、创造奇迹！

要做到立即行动，青少年们，你需要执行激发行动的六大步骤：

1．我要得到什么样的结果

思考想要的结果，比如：达成10万的业绩指标，客户签单达到6个，被公司认可，半年内竞聘主管职位。

2．达不到目标有什么样的痛苦

想象一下，没有达成这个目标可能的痛苦场景，比如：失去工作，个人价值不被认可！

3．不行动有什么坏处

再思考，如果不行动会导致什么不良后果，比如：工作做不出业绩，目标完不成，不被信任，生活失去保障，无快乐可言。

4．假如马上行动，有什么好处

那么，如果立即行动，又会带来什么好处，比如：有机会争取大的订单，个人价值将得到认可，成为事业的转折点！

5．制定期限，马上行动

行动前，定下目标达成时限，比如：在两个月内，签下合同！

6．将行动计划告诉你的家人、朋友和领导

看你的行动计划是否合理可行，先行检验一下，比如：告诉上级领导自己的目标，寻求他的指导和支持，制订策略。一个任务如果安排两个人去做，就会造成互相推诿，都指望对方去完成，反而达不成你想要的结果。

# 即刻实践，让你获得更多良机

生活中，我们发现，总有一些年轻人抱怨命运的不公，慨叹机遇总是不垂青自己。而实际上，他们忘记了“机遇垂青于勤奋博学的人”这个道理。任何人的成功都是来自于自觉自愿地去寻找机会、发挥创造力。那些甘于沉沦和平庸的人最终会沉沦和平庸下去，而那些主动执行、善于创造机会的人，则会从最平淡无奇的生活中找到一丝微小的机会，他们用自身的行动改变了他们的处境。青少年们，如果你渴望成功，渴望受到重用，那么，从现在开始，就行动起来吧！

西点著名将领艾森豪威尔就是这样的一个典型。机遇条件是他能够成为欧洲盟军最高统帅的重要因素。而他能赢得这样的机遇，与其勤奋好学和杰出的才能又有着相当密切的关系。

这一年，马歇尔打算挑选一人出任作战计划处副处长。陆军总司令部副主任克拉克回答说：“我推荐的名单上只有一个人的名字。如果一定要十个人，我只有在此人的名字下面写上九个‘同上’。”这个人就是艾森豪威尔，他因才能出众而备受克拉克器重。

到作战处后，艾森豪威尔工作踏实，很有作为，因为一份出色的报告，使得他被越级提升。这份出色的报告，显露出他才华横溢，具备了非凡的军事才能，因而受马歇尔的推荐而出任美国驻伦敦的欧洲战场司令。这成为艾森豪威尔一生军事生涯中最为重要的转折。

艾森豪威尔后来曾说过：“运气对一个人派职，在适当的时间处于适当的

地点等方面都起着重要的作用。”

人的一生机遇至关重要。但如果不努力，不提高自身素质，则机会很难降临。从艾森豪威尔的身上，可以得到这样的启示：机遇总是垂青于勤奋刻苦而博学多才的人。

青少年们，你要知道，当命运之神把我们推到这个社会，当我们胸怀壮志努力奋进，当我们列好计划即将一展宏图，那就让我们立刻行动！没有立刻行动，一切都将是空中楼阁；没有立刻行动，一切都将是梦幻泡影；不论你的计划是什么，都要即刻实践，只有实践才能让你赢得更多的机遇，才能时刻整装待发，冲刺成功！

如果梦想成为知识专家，那就立刻看看自己适合于研究什么专业，立刻分析现在社会的前沿信息是什么，立刻专心于读书学习，立刻开始选书目、定方向、写笔记，立刻开始阅读，不要拖延时间；如果梦想成为一流的营销员，成为亿万富翁，那就立刻开始研究产品、市场、人脉、营销，立刻拿起电话，立刻买上车票，立刻奔赴营销第一线；如果梦想成为政治家，那就立刻学会演讲、学会写作、学会协调，立刻研究人脉、研究社会、研究管理……

很多企业界的成功人士，他们身上都有一个共同的特点：他们的成功都来自于一个特殊的机缘，但是机缘的出现，似乎又是注定的，因为他们总是用行动说话！作为华人首富，李嘉诚的名字可谓家喻户晓。他之所以能成为首富，也并非没有规律可循：从打工的时候起，他就是一个懂得为自己制造机遇的人。

李嘉诚的父亲是位老师，他非常希望李嘉诚能够考个好大学。然而，父亲的突然去世，使得这个梦想破灭了：家庭的重担全部落到了才十多岁的李嘉诚身上，他不得不靠打工来维持整个家庭的生计。他先是在茶楼做跑堂的伙计，后来应聘到一家企业当推销员。干推销员首先要能跑路，这一点也难不倒他，以前在茶楼成天跑前跑后，早就练就了一副好脚板，可最重要的，还是怎样千方百计地把产品推销出去。

有一次，李嘉诚去推销一种塑料洒水器，连走了好几家都无人问津。一上

午过去了，

一点收获都没有，如果下午还是毫无进展，回去将无法向老板交代。尽管推销得不顺利，他还是不停地给自己打气，精神抖擞地走进了另一栋办公楼。

他看到楼道上的灰尘很多，突然灵机一动，没有直接去推销产品，而是去洗手间，往洒水器里装了一些水，将水洒在楼道里。十分神奇，经他这样一洒，原来很脏的楼道，一下变得干净起来。这一来，立即引起了主管办公楼的有关人士的兴趣，一下午，他就卖掉了十多台洒水器。

李嘉诚这次推销为什么成功了呢？原因在于把握了一个推销的诀窍：要让客户动心，就必须掌握他们如何受到影响的规律："听别人说好，不如看到怎样好；看到怎样好，不如使用起来好。"老讲自己的产品好，哪能比得上亲自示范、让大家看到使用后的效果呢？在做推销员的整个过程中，李嘉诚都重视分析和总结。在干了一段时期的推销员之后，公司的老板发现：李嘉诚跑的地方比别的推销员都多，成交的也最多。他是如何做到这点的呢？原来，他将香港分成几片，对各片的人员结构进行分析，了解哪一片的潜在客户最多，有的放矢地去跑，重点攻关，这样一来，他获得的收益自然要比别人多。纵观李嘉诚的奋斗历史，其实就是一个不断用方法来改变命运的历史。他能想到的，也都做到了，不断去实践就是为什么他能成功的原因。

生活中的青少年们，你能像西点军人和李嘉诚一样吗？还在慨叹自己时运不济吗？上天对待每一个人都是公平的，在给予别人机遇的同时，也在给你同样的机遇。这个时候，能够获得成功，关键就在于你捕获这机遇的能力了。

## 西点启示

机遇无处不有，无处不在，关键是看你能否把握住。偶然的机会只对那些勤奋工作的人才有意义。成功的秘密在于，当机遇来临的时候，你已经做好了把握住它的准备。时刻准备着，当机会来临时你就成功了。

那么，青少年们，你该如何实践才能获得良机呢？

1．为自己制订一个合理目标

人生不能没有目标，如果没有目标，你就会像一只黑夜中找不到灯塔的航船，在茫茫大海中迷失了方向，只能随波逐流，达不到岸边，甚至会触礁而毁。生活中，我们只有树立明确的目标，投入实际的行动，才能收获成就感和满足感。

2．为目标制订合理的计划

计划是为实现目标而需要采取的方法、策略。只有目标，没有计划，往往会顾此失彼，或多费精力和时间。

3．广结善缘，为自己赢取机遇

一个篱笆三个桩，一个好汉三个帮，这是人们从长期的生活中得出的宝贵经验。要想成就一番大事，必须靠大家的共同努力。在现在这个竞争激烈的环境中，只靠一个人打拼天下是不现实的，我们必须要有与人团结合作的精神，才能够发挥集体的优势，在事业上取得成功。

# 瞻前顾后，只会让你落在人后

生活中，我们常常需要做抉择——实行或者不实行，我们总是试图通过我们最精确的思维，获得我们最想要的结果。但实际上，很多时候，正是因为我们过多的思考，而导致了我们瞻前顾后，不敢行动，成功的机会也就在“做”与“不做”之间流失了，留下的只有遗憾。可见，思虑周全并不为过，但千万不能瞻前顾后。所谓不要瞻前顾后，就是不要考虑别人如何评价我们、如何看待我们、我们能得到什么回报、得到什么奖励、表扬、荣誉。别人的评价是在咱们的事情之后，不可能在咱们的行动之前或同时；而且可能是在咱们做过之后很长时间，才会有客观的中肯的评价。那些及时的、同时的表扬和奖励都是安排的和鼓励性质的，不是真正客观的准确的评价。

生活中的青少年们，社会经验、人生阅历不足，在做决定之前，常常会恐惧失败而左思右量，但千万记住，不要延误时机，否则只会让你永在人后。因为拖延是行动的死敌，也是成功的死敌。拖延使我们所有的美好理想变成真正的幻想，拖延令我们丢失今天而永远生活在“明天”的等待之中，这样就成为一个永远只知抱怨叹息的落伍者、失败者、潦倒者。成功学创始人拿破仑·希尔说：“生活如同一盘棋，你的对手是时间，假如你行动前犹豫不决，或拖延地行动，你将因时间过长而痛失这盘棋，你的对手是不容许你犹豫不决的！”

西点成立200多年以来，已经成为美国的骄傲和象征。它培育出了一大批军事人才。而提起西点，首先想到的一定是它的军纪军规，其中有一点就是“无条件服从”。这里无条件服从强调的不是服从本身，而是一种服从的

态度。

对于西点学员来说他们要做的就是无条件服从，绝对服从。西点新学员遇到学长或长官时，只有四个答案。“报告长官，是”，“报告长官，不是”，“报告长官，没有借口”，“报告长官，我不知道”。

我们可以这样理解，当我们接到命令或工作时，首先想到的应该是好，马上去做，一定做好。只有学会无条件地服从，你才会拥有去做好的激情，有了激情才能让事情有顺利发展的可能。如果你的态度是瞻前顾后，犹豫不决，那么试想当领导、上级看到你这个态度时，对你的信任是否会大打折扣？会不会怀疑：当遇到事情时，你会以公司的利益为重吗？不论身份高低，你都必须学会服从，巴顿将军就是无条件服从的楷模。但服从不是唯命是从，而是一种对集体的归属感。

同时，我们再试想一下，作为一名军人，兵临城下的时候，如果不立即行动，冲锋陷阵，会有什么样的恶果呢？考虑到这一点，西点的训练也是残酷的。

一是“野兽营”。西点的第4任校长西尔韦纳斯·塞耶在任内15年中为西点创建了完善的教育训练制度，他把西点的准则、西点的气质、西点的信念传到了全国。其中最著名的做法是：在西点按照德、智、军、体的教学目标建立起了严格而单调的生活制度。而“野兽营”则成了新生入学教育阶段的过滤器，这一阶段淘汰率为15%之多。

二是模拟敌对状态。在西点，学员和战术教官之间还存在着一种模拟的敌对状态，这样有利于保持美国军人在战场上的紧张感。

和西点军人不同的是，现实生活中，不乏这样的青少年，他们激动的多，行动的少。表扬的多，真干的少。因为他们在准备实践的时候，总是考虑这个考虑那个，这样肯定会错失时机，后悔莫及。最大的成功并不是那些嘴上说得天花乱坠，把一切都设想得极其美妙的人去做的，而是那些脚踏实地的人去干的。其中，成功素质不足、自信不足、心态消极、目标不明确、计划不具体、策略方法不够多、知识不足、过于追求十全十美，这些都是青少年们瞻前顾后、不敢行动的原因。

《聊斋志异》中有这样一则故事：两个牧童进深山，入狼窝，发现两只小狼崽。他俩各抱一只分别爬上大树，两树相距数十步，片刻老狼来寻子。一个牧童在树上掐小狼的耳朵，弄得小狼嗷叫连天，老狼闻声奔来，气急败坏地在树下乱抓乱咬。

此时，另一棵树上的牧童拧小狼的腿，这只小狼也连声嗷叫，老狼又闻声赶去，不停地奔波于两树之间，终于累得气绝身亡。

这只狼之所以累死，原因就在于它企图救回自己的两只狼崽，一只都不想放弃。实际上，只要它守住其中一棵树，用不了多久就能至少救回一只。

我们没有理由说狼很笨，有时人比狼还笨。古人讲的“用兵之害，犹豫最大；三军之灾，生于狐疑”就是这个道理。

## 西点启示

在我们每一个人的生活中也经常面临着种种抉择，如何选择对人生的成败得失关系极大，因而人们都希望得到最佳的选择，常常在抉择之前反复权衡利弊，再三仔细斟酌，甚至犹豫不决，举棋不定。但是，在很多情况下，机会稍纵即逝，并没有留下足够的时间让我们去反复思考，反而要求我们当机立断，迅速决策。如果我们犹豫不决，就会两手空空，一无所获。

那么，该怎样克服瞻前顾后的思维习惯呢?

1. 采用稳健的决策方式

在很多情况下，当一种趋势出现时，有些人一个劲地陷入哪个好哪个坏的争论之中，事实上没有这个必要，只要没有明确的二者择一的必要，就不必太早决策。

2. 要养成独立思考的习惯

不能独立思考，总是人云亦云，缺乏主见的人，是不可能做出正确决策的。如果不能有效运用自己的独立思考能力，随时随地因为别人的观点而否定

自己的计划，将会使自己的决策很容易出现失误。

3．严格执行一种决策纪律

利与弊往往是事情的一体两面，很难分割。有的人明明事先已经编制了能有效抵御风险的决策纪律，但是一旦现实中的风险牵涉到自己的切身利益时，往往就不容易下决心执行了。

4．不要总是试图获取最多利益

过高的目标不仅没有起到指示方向的作用，反而由于目标定得过高，带来一定心理压力，束缚决策水平的正常发挥。事实上多数环境中，如果没有良好的决策水平做支撑，一味地追求最高利益，势必将处处碰壁。

# 尽全力日事日清，充实更会快乐

人的一生，短短几十载，生命是有限的。如果我们浪费时间，工作和生活总是被那些琐碎的、毫无意义的事情所占据，那么我们就没有精力去做真正重要的事情了。世界上有很多人埋头苦干，却成就一般，如果他们充分利用了自己的时间和精力，绝对可以作出更有价值的事情来。人生路途刚刚起步的青少年，同样要记住这一点，无论是在工作还是在生活中，大事还是小事，凡是应该立即去做的事情，就应该立即行动，决不能拖延，要尽全力日事日清。西点十分强调行动的作用。他们是一个素来以速度和执行力著称的团队。他们之所以具备这样的素质，都是因为这个团队奉行绝对服从的理念，他们雷厉风行、绝对服从，从来不问为什么，决不拖延时间，从不找借口，他们是一个个不折不扣的执行者。

1914 年，第一次世界大战爆发。1917 年 4 月 6 日，美国向德国宣战。这件事发生在威尔逊总统第二次就职后的一个月。威尔逊的竞选口号是：“让大家不卷入战争，”西点军校最艰难但又将获得最大成功的时刻到来了。

美国刚一宣战，1917 届学员便于 4 月 20 日提前毕业并成了军官，立即奔赴前线。三年级学员，本应于 1918 年毕业，也于 1917 年 8 月 30 日提前离校。

1917 年 6 月 1 日，校务委员会建议：在校一、二年级学员提前毕业，将他们4年的课程压缩为两年。陆军部长将此建议提交由参谋长、工程兵主任、野战炮兵主任组成的3人委员会讨论。

在战争爆发的时候，任何行为都不能拖到明天，这是一个军人的责任。而现实生活中的青少年们呢？你是否也能如西点军人般立即行动、绝不拖延呢？

“明日复明日，明日何其多，我生待明日，万事成蹉跎。”我们的一生中，确实有很多个明天，但如果把什么都放在明天做，那明天呢？明天的明天呢？有句话说得好，“我们活在当下”，明天属于未来，我们只有把握好现在，才能决定明天的生活。

同时，拖延是可怕的，会摧毁人的意志。如果我们长期生活在由自己编织的“拖延梦”中，你的一生将会是失败的，因为在长期的“醉生梦死”中，你将会失去了一个成功者应有的心态！

美国康奈尔大学做过一次有名的实验。经过精心策划安排，他们把一只青蛙冷不防丢进煮沸的油锅里，这只反应灵敏的青蛙在千钧一发的生死关头，用尽全力跃出了滚滚油锅，跳到地面安然逃生。

隔了半小时，他们使用一个同样大小的铁锅，这一回在锅里放满冷水，然后把那只死里逃生的青蛙放在锅里。这只青蛙在水里不时地来回游动。接着，实验人员偷偷在锅底下用炭火慢慢加热。

青蛙不知究竟，仍然在微温的水中享受“温暖”，等它开始意识到锅中的水温已经使它熬受不住，必须奋力跳出才能活命时，一切为时已晚。它欲试乏力，全身瘫痪，呆呆地躺在水里，最终葬身在铁锅里面。

以上例子，或许你听过，虽然它们所谈的并不是拖延，但是都揭示了拖延是如何起作用及最终的结果—它会像癌细胞一样逐步扩散，直至吞噬整个生命。你每次拖延所产生的负面能量会一点一滴地积累起来，最后，和持续改善一样，它会以水滴石穿般的威力严重影响你的自信、自尊、自爱，最终使你彻底崩溃。

青少年们，你有过这样的经验吗？你在上大学时会不会拖到最后时刻才交作业？或者经常等到快考试时才马不停蹄地“开夜车”复习功课？几乎每个人都清楚地知道，拖延是不好的习惯，可是，你是否真正思考过，多年来由于拖延为你带来了多大的损失吗？我想请你现在思考以下问题：

在过去的5年里，你因为拖延付出了哪些代价？如果用金钱衡量，是多少呢？

现在，你因为拖延付出了哪些代价？如果用金钱衡量，是多少呢？

如果继续像以前一样拖延，在未来5年中，你会付出哪些代价？如果用金钱衡量，是多少呢？

任何事，今日不清，必然积累。就比如一根稻草，千万别看轻它，一根不起眼，但当一根根稻草堆成了山，再强壮的骆驼也会被压死。

实际上，拖延并非人的本性，它是一种恶习，一种可以得到改善的坏习惯。这个坏习惯，并不能使问题消失或者使解决问题变得容易起来，而只会制造问题，给工作造成严重的危害。成功者从不拖延，而他们中的大多数人只是发挥了本身潜在能力的极少部分，因为他们对工作的态度是立即执行，所以把握了成功。那么，为什么我们还要逃避现实，还要忍受拖延造成的痛苦呢？

## 西点启示

从现在开始用“立即执行”的好习惯取代“拖延”，我们同样可以拥有成功。马上行动可以应用在人生的每一阶段，帮助你做自己应该做却不想做的事情。对不愉快的工作不再拖延，抓住稍纵即逝的宝贵时机，实现梦想。

但很显然，要能马上行动，就要克服一种许多人常有的拖延习惯。拖延是一种习惯，行动也是一种习惯，不好的习惯要用好的习惯来代替。那么，青少年们，你若想鼓励自己今日事今日毕，需要这样鼓励自己：

1．快乐—痛苦比较法

仔细思考一下，拖延的事情迟早要做，为什么要推后再做？立即做完以后可以休息，而现在休息，也许往后要付出更大的代价。想一想，在日常生活当中，有哪些事情是你最喜欢拖延的？现在就下定决心，将它改善。从最简单的事情开始，当你可以激发自己的行动力的时候，你会非常有冲劲，会非常想去完成一件事情。

2．在最佳精神状态下工作，达到最高的效率

热爱你的工作并充满激情，你的内心同时也会变化，你会越发有信心。对你的工作充满热情，每天精神饱满地去迎接工作，以最佳的精神状态去发挥自己的才能，就能充分发掘自己的潜能，做到日事日清。

# 果敢行事，当断必断

生活中，我们经常要面临两难的抉择，尤其是在现在这个信息多而乱的社会中，做出正确的抉择更不是一件易事，这就需要我们有出色的判断能力，需要你用最快的时间来做出一个决定，也就是果断。但实际上，很多时候，人们为了求稳，总是左右迟疑，权衡各个方面的因素，结果是当断不断，为自己带来很多困扰。生活中的青少年们，你要明白，作为一个男子汉，一定要具备果断的形式作风，这也是成功者必备的品质，任何一个成功的西点人都是这么做的。

一位西点的空军飞行员说："二次大战期间，我独自驾驶一架F6战斗机。头一次任务是轰炸、扫射东京湾。从航空母舰起飞后，飞机一直保持高空飞行，然后再以俯冲的姿态滑落至目的地约90米上空执行任务。然而，正当我以风驰电掣的姿态俯冲时，飞机左翼被敌军击中，飞机顿时翻转过来，并急速下坠。在我接受训练期间，教官一再叮咛说，遇到紧急情况要沉着应对，切勿轻举妄动。飞机下坠时，我就只记得这么一句话，因此，我什么机器都没有乱动，我只是静静地想，静静地等候把飞机拉起来的最佳时机和位置。最后，我果然幸运地脱险了。假如我当时顺着求生的本能，未等到最佳时机就胡乱操作！必定会使飞机更快下坠而葬身大海。一直到现在我还记得教官那句话：'不要轻举妄动而自乱阵脚；要冷静地判断。抓住最佳的反应时机。'"

西点的这位飞行员能顺利脱险，得益于他在关键时刻能冷静地判断，并做出了果断、正确的决定。青少年们，你也应记住这句话：不要轻举妄动而自乱阵脚；要冷静地判断。抓住最佳的反应时机。的确，在两难的抉择中，能否抓住机遇取决于我们是否足够果断。假如面对选择时犹豫不决，无法果断地做出决定，将会一事无成，甚至有可能还会埋下祸根，为自己带来一连串失败的打击。

法国哲学家布里丹养了一头小毛驴，每天向附近的农民买一堆草料来喂。这天，送草的农民出于对哲学家的景仰，额外多送了一堆草料，放在旁边。这下子，毛驴站在两堆数量、质量和与它的距离完全相等的干草之间，可是为难坏了。它虽然享有充分的选择自由，但由于两堆干草价值相等，客观上无法分辨优劣。于是它左看看，右瞅瞅，始终也无法分清究竟选择哪一堆好。于是，这头可怜的的毛驴就这样站在原地，一会儿考虑数量，一会儿考虑质量，一会儿分析颜色，一会儿分析新鲜度，犹犹豫豫，来来回回，在无所适从中活活地饿死了。

小毛驴在充足的两堆草料面前，却落得个饿死的下场，真是令人匪夷所思。可见，迟疑不定不仅对人们做出正确的行为无丝毫的帮助，还会让人们延误时机，甚至酿成苦果。而实际上，除了动物以外，人类似乎也在重复这个幼稚的错误。

有个农民的妻子和孩子同时被洪水冲走，农民从洪水中救起了妻子，不幸孩子被淹死了。对此，人们议论纷纷，莫衷一是。有的说农民先救妻子做得对，因为妻子不能死而复生，孩子却可以再生一个；有的却说农民做得不对，应该先救孩子，因为孩子死了无法复活，妻子却可以再娶一个。一位记者听了这个故事，也感到疑惑不解，便去问那个农民，希望能找到一个满意的答案。想不到农民告诉他："我当时什么也没有想到，洪水袭来时妻子就在身边，便先抓起妻子往边上游，等返回再救孩子时，想不到孩子已被洪水冲走了。"

的确，有时候，当需要我们做决定的时候，当断不断，必受其乱：为人行事，必须坚决果敢，当机立断，一旦决定下来就应该马上去做，如果前怕狼，后怕虎，只会白白丧失很多机会，考虑太多只会造成"竹篮打水一场空"的后

果。青少年们，你也应记住这个道理：只要是自己认定的事情，绝不可优柔寡断。犹豫不决固然可以免去一些做错事的机会，但也失去了成功的机遇。

同样，这个道理也可以运用到如何抓住机遇上，在你决定某一件事情之前，你应该运用全部的常识和理智慎重地思考。如果发现好的机会，就必须抓紧时间，马上采取行动，才不至于贻误时机。如果犹豫、观望而不敢决定，机会就会悄然流逝，后悔莫及。

## 西点启示

在两难的抉择中，敢于决断是一个人成功的关键。在犹豫不决中丢失的机会比真正错过的还多。只有敢于决断，敢于行动，才能够成功。不论干什么，都要把握住适当的分寸和尺度，所谓“该出手时就出手”。一旦错过了最好的时机，你可能会一无所得。

青少年们，如果你想改掉犹豫的毛病，养成果断决策的习惯，就要马上从今天开始，永远不要等到明天，强迫自己去练习，切勿犹豫。

那么，你该怎样培养自己行事果断的作风呢?

1．多做了解，理智地思考

在你决定某一件事情之前，你应该对各方面的情况有所了解，你应该运用全部的常识和理智慎重地思考，给自己充分的时间去想问题。一旦做好了心理准备，就要果断决定，一经决定，就不要轻易反悔。

2．以自信引导自己做决定

如果发现好的机会，你就必须抓紧时间，马上采取行动，才不至于贻误时机。不要对一个问题不停地思考，一会儿想到这一方面，一会儿又想到那一方面。你该把你的决定，作为最后不变的决定。这种迅速决断的习惯养成以后，你便能产生一种相信自己的自信。如果犹豫、观望，而不敢决定，机会就会悄然流逝，后悔莫及。

3. 见机行事，学会果断应变

当好机会出现时，要敢于抓住时机，扭转航向。当坏的消息传到时，要敢于甩手抛弃。在职场能成功的人，就是在面临决策抉择时，能够沉着、客观、冷静地分析各种情况并能够果断决策的人。

4. 学会在做决定时抛开僵化的是非观念

你最好认识到，果断决策者难免会发生错误，但是，这无疑比那些犹豫者做事迅速，犹豫者根本就不敢开始工作。而且，就你由此所得到的自信力，可被他人所依赖的信赖感等来说，要比丧失决策力有价值得多。不作决定，你就会失去了向失败挑战的勇气和决心。

# 第7章

## 严于律己，男子汉懂得自制使命必达

——像西点军人一样刚正不阿，勇于担当

# 懂得奉献，时刻不忘回馈社会

我们每个人，都是一个独立的自我，但同时，也是生活在一定的社会集体中，没有谁可以脱离社会而存在。为此，我们在向社会索取的同时，也要学会奉献、懂得感恩！身为未来社会接班人的青少年们，更要从现在开始担起社会的责任，时刻不忘回馈社会。这一点，每个成功的西点人都做到了。

自1898年西点军校把“职责、荣誉、国家”正式定为校训以来，西点军校特别重视对学员品德的培养。他们反复强调，西点仅仅培养领导人才是不够的，必须是“品德高尚”的领导人才。

从西点毕业后，许多人带着西点的座右铭“职责、荣誉、国家”，复兴企业，经营商业，从事社会公益活动，他们自觉或不自觉地把领导国家前进的责任担到肩上，把建设发达国家作为己任。

西点自创校以来，已经培养了约五万名学员，其中包括两位美国总统、四位五星上将、3700多名将军，以及一大批杰出的政治家、企业家、工程学家、科学家、教育家和艺术家。今天活跃在美国政界、商界、法律界、工程技术等各种行业的许多杰出人物都是西点精神的继承者。而最能体现西点精神的核心词汇就是它的校训——职责、荣誉、国家。

的确，如果我们每个人都把这个理念深植心中，个人将得到发展，并且会自强不息；企业将蓬勃向上，整个社会的经济也将快速增长；而军队里的每个士兵都将成为这个世界上最优秀的战士。

现今社会，那些小有成就的人不少，但真正意识到自己还存在社会责任

的则少之又少，他们认为自己的成功完全归功于自己，而排除了社会因素。实际上，在需要协作方法工作的今天，已经没有谁可以单打独斗就可以拥有成功了，独木不成林，一个人的力量是有限的。一个人只有懂得付出，才有回报，这是一条至理名言。只懂得向社会索取，而不懂得奉献的人，迟早是会被社会抛弃的。

所以，青少年们，身为社会人，从责任的角度看，你必须要有一颗爱别人，爱社会，肯奉献的心，扛起社会的责任，才能成为一个顶天立地的男子汉，才能被人尊重，为人称颂！就像李嘉诚说的："金钱并不是人生中最重要的因素。他常常说的一句话是，'富贵'这两个字必须分开而看，'富'者不一定'贵'，真正值得珍贵的，还在于你为社会做了什么，在于所做之事能否令世人得益：'只有你做些让世人得益的事，这才是真财富，任何人都拿不走。'"因此，他眼中真正的"富贵"，是必须懂得用金钱去回馈社会，如不能做到这样，即使拥有了金钱，也只不过是"富而不贵"。

李嘉诚于1980年创立了自己的基金会，为医疗、教育、文化和社区福利项目提供资助，主要针对香港和内地。迄今为止，该基金会已为各项事业捐出及承诺款项约77亿港元，其中，内地约占64%，香港占29%，其他占7%。

另外，李嘉诚基金的管理特色在于从不动用现有资产，基金用多少，李嘉诚补上多少。李嘉诚曾多次强调指出，基金会是100%做慈善，帮助有需要的人，只是一直不喜欢将基金会用慈善两个字。李嘉诚还表示，无论其家族成员或是董事，都不能从基金会拿取一分一毫，基金会是百分百做捐献的。

李嘉诚基金会集中两方面的发展：通过教育使能力增值以及通过医疗及相关项目建立一个关怀的社会。至今，李嘉诚基金会及由李嘉诚成立的其他公益基金会已捐助过很多项目，其中64%用于内地的助教兴学、医疗扶贫和文化体育事业上。

另外，李嘉诚基金会的运作模式也有其独特之处，虽然基金会的资产规模已过百亿美元，但李嘉诚却从不动用基金会的现有资产，如果基金会在一年捐出10亿元，第二年他就会再投入10亿元来补足基金会的本金。

李嘉诚说，能够在这个世上对其他需要你帮助的人有贡献，这个是内心的财富。这个是我自己创造出来的，这个是真财富。因为金钱的财富，你今天可能涨了，身价高很多，明天掉下去了，你的财富可以一夜之间变为一半。只有你做出使世人受益的，这个才是真财富，任何人拿不回来。

青少年们，可能你会认为，我没有李嘉诚式的物质财富，对于社会，无法做到如此奉献。但真正的奉献也不是用财富来衡量的。只要你懂得不断奉献，你的人生财富也就在不断积累，你的人生就在不断充实！

## 西点启示

没有责任感的军官不是合格的军官，没有责任感的经理不是合格的经理，没有责任感的公民不是合格的公民。责任感，无论是对自己、对国家、对社会还是对民族，任何时候都是不可或缺的。

的确，每个人的能力都有限，但在你有限的能力里，依然可以不断奉献社会。对此，青少年需要做到：

1. 从生活中的小事做起，帮助周围的人

生活中，人人都会遇到一些困难、矛盾和问题，都需要别人的关心、爱护，更需要别人的支持、帮助。如果在社会生活中，每个人都能主动关心、帮助他人，从自己做起，从小事做起，从现在做起，使助人为乐在社会上蔚然成风，那么，你就能随时随地得到他人的帮助，感受到社会的温暖。从这个意义上讲，“助人”也就是“助己”。

2. 热心公益

社会公益反映了社会主义的新型人际关系，与每位公民息息相关。每个公民都要关注和支持社会公益，多献一点爱心，多添一份真情，在社会生活中做一个热心人，如赈灾救荒、捐资助学、义务献血、为社会福利事业捐款捐物等等，做到有钱出钱，有力出力。

3．遵纪守法

俗话说：没有规矩，不成方圆。对一个公民来说，是否自觉维护公共场所秩序，纪律观念、法制意识强不强，体现着他的精神道德风貌。遵纪守法同时也是保护社会健康、有序发展的基础。这里的遵纪守法指的是，要懂法、知法、护法，用法律来约束自己的行为等。

当然，奉献社会远不止以上说的三点，需要你从生活中的小事不断努力！

# 能自律自制者必是强者

古人云："天将降大任于斯人也，必先苦其心志，劳其筋骨，饿其体肤，空乏其身，行拂乱其所为，所以动心忍性，增益其所不能。"那些成大事者，都有"动心忍性"的自制力，使其能守得云开见月明，走出逆境。自律就是自我管理、自我控制；自律就是战胜自我、超越自我。金无足赤，人无完人，人最大的敌人是自己。只有能够战胜自我的人，才是真正的强者。

同时，自制力对尚未成熟的青少年们也显得尤为重要。在你们的学习和生活中，自制在很多方面都发挥着巨大的作用：它能督促自己去完成应当完成的任务；能抑制自己的不良行为，如贪婪、懒惰；能缓解不良情绪，如冲动、愤怒、消极；能抵御外界形形色色的诱惑，等等。相反，如果没有或缺少自我控制，不良的行为和情绪就会反过来控制我们，我们将失去意志力、信心、执着和乐观，失去获得成功的机会，甚至会偏离人生的方向，误入歧途。

谁都不能否认一个事实，很多西点人都经历着种种苦难，遭受着种种挫折和打击，这的确是人生的不幸。可是，人们也惊奇地发现，无数杰出的西点人都是从苦难中走出来的，正是苦难成就了他们，苦难对于他们来说，是上天的一种恩赐。而这些人能做到走出苦难，重要的原因之一就是他们能自律。至今，他们的故事还被人们传颂。

五星上将麦克阿瑟据说是在母亲的陪伴下度过四年西点生涯的。当年，麦克阿瑟的母亲把麦克阿瑟送到西点军校后，自己也在学员宿舍对面的西点旅馆里安营扎寨了。她每天早上伴着起床号起来看儿子出早操，晚上直到儿子宿舍

的灯光熄灭才休息，整整陪读了四年。而麦克阿瑟则时常在夜深人静之时悄悄地溜到母亲的住处打打牙祭。真是可怜天下父母心！麦克阿瑟后来于1919年至1922年出任西点校长，任职期间加大了体育课占全部课程的比例，达15%。

而生活中，人们之所以会做那些让自己后悔的事，归结起来，大多是因为自制力薄弱，抵挡不住诱惑，因此做了不该做的事。要培养坚定的自制力，首先要从心里认识到自制的重要，然后才能自觉地培养。只有坚决地约束自己、战胜自己，最终才能战胜困难，取得成功。

美国石油大亨保罗·盖蒂曾经是个大烟鬼，烟抽得很凶。有一次，他在一个小城的旅馆过夜。清晨两点钟，盖蒂醒来，他想抽一根烟。不料烟盒里头却是空的。这时候，旅馆的餐厅、酒吧早关门了，他得到香烟的唯一希望是穿上衣服，走出去，到几条街外的火车站去买。越是没有烟，想抽的欲望就越大。盖蒂穿好了出门的衣服，在伸手去拿雨衣的时候，他突然停住了。他问自己：我这是在干什么？盖蒂站在那儿寻思，一个所谓相当成功的商人，一个自以为有足够理智对别人下命令的人，竟要在三更半夜离开旅馆，冒着大雨走过几条街，仅仅是为了得到一支烟？没多会儿，盖蒂下定了决心，把那个空烟盒揉成一团扔进了纸篓，脱下衣服换上睡衣回到了床上，带着一种解脱甚至是胜利的感觉，几分钟就进入了梦乡。从此以后，保罗·盖蒂再也没有拿过香烟，当然他的事业越做越大，成为世界顶尖富豪之一。

约束自己的得失之心，懂得为自己的所作所为负责，即使在无人知晓的情况下仍能自律的人，在人生道路上就能把握好自己的命运，不会为得失越轨翻车。这样的人必当能成为真正的强者。因为真正的强者，他的任何一句话、一个行为都是有力量的，你会结交更多的朋友、减少很多敌人，因为一旦失去自制之后，另一个人——不管是一名目不识丁的管理员还是有教养的绅士——都能轻易地将他打败。这也就是为什么人们常说：“上帝要毁灭一个人，必先使他疯狂。”

## 西点启示

要能稳住自己，就必须使你身上的热情和自制力达到平稳。而要很好地遵守纪律，就要学会克制。哪怕是对自己的一点小的克制，也会使人变得强而有力。

这一启示为生活中那些自制力薄弱的青少年们提出警告，从现在起，必须加强自制力培养，对此，你可以尝试一下拿破·希尔“自制的七个C”：

1. 控制自己的时间（Clock）

纵使现在的你还年轻，但对于你可以奋斗、学习的时间都是有限的，时间就是生命，把握时间，就是掌握生命。

2. 控制思想（Concept）

我们自己完全有能力，控制自己的思想与想象性的创造。必须记住：幻想在经过刺激之后，将会实现。

3. 控制接触的对象（Contacts）

我们无法选择共同工作或一起相处的全部对象；但是我们可以选择共度最多时间的同伴，也可以认识新朋友，找出成功的楷模，向他们学习。这点每个人都可以做到。

4. 控制沟通的方式（Communication）

我们可以控制说话的内容和方式。记住，我们谈话的时候，是学不到任何东西的，因此，沟通方式最主要的就是聆听、观察以及吸收。当我们和别人沟通时，我们要用信息来使聆听者获得一些价值，并彼此了解。

5. 控制目标（Causes）

有了自己的思想、交往对象以及承诺之后，就可以定下生活中的长期目标，而这个目标也就成为我们的理想。你和我都有极高的理想，以及生活的一项计划，这就给了我们信心与勇气。

6. 控制承诺（Commitments）

我们选择最有效果的思想、交往对象与沟通方式。我们有责任使它们成为一种契约式的承诺，定下次序与期限。我们按部就班，平稳地实现自己的承诺。

7. 控制忧虑（Concern）

一般人最关心的莫过于如何创造一个喜悦的人生。多数人对于会威胁自己价值观的事，都会有情感上的反应。

# 克制自己的冲动与懈怠，方能登上成功之巅

金无足赤，人无完人。正如一位哲人说的："没有不带刺的鱼，同样也没有不带缺点的人。"每个人都有自己的缺陷和不良的情绪。但是，我们必须充分认识自己，承认自己的缺点，并下决心改正它，战胜它！那么，你就是成功的。也有人曾经说，"你今天站在哪里并不重要，但是你下一步迈向哪里却很重要"。因为任何成功的人生，都需要正确的规划。但无论任何规划，在实施的时候，都需要做到对自己有所约束，克制一些自身缺点，比如冲动与懈怠。因为这两点都是阻碍成功的绊脚石。生活中的青少年们，如果你也想登上成功者的宝座，就需要从现在起，做到自我约束，克服冲动与懈怠这两种极端状态。

西点军校具有无穷的魅力，在青年人的心中，它是一个充满神秘色彩的地方。西点军校有"将军的摇篮"之称，同时，它培养的成功人士也多如繁星。2009年，美国《福布斯》杂志第二次发表全美最佳大学排行榜，西点军校击败所有常春藤大学荣登榜首，传统名校普林斯顿大学屈居第二，紧随其后的是加州理工学院、威廉姆斯学院和哈佛大学。西点荣获如此巨大的成就来源于它特殊化的教育。

西点人永远有超出众人之外的、敢于力争第一的心态。在成功之前，他们懂得必须以高于普通人的眼光来看待自己。在他们身上所体现出来的这种精神，是一个人不断进取的标志，它不允许人懈怠，它召唤每个人向更高层次的方向去努力、去进取。

西点军校设有外语系，共开设了七门外语课，它们分别是阿拉伯语、汉语、法语、德语、葡萄牙语、俄语和西班牙语。其中，汉语课开设于1966年，课程包括基础汉语、中级汉语、汉语军事阅读、中国媒体和中国文明等。《孙子兵法》也成了很多学员爱读的一本书。

西点军校的课程也很有特色，其中有一项很重要的科目，那就是由高年级学员对低年级学员进行野外训练科目。这是西点的传统，目的是培养学员的领导才能和互相学习、互相帮助、互相爱护的团队精神。在障碍训练场上，每当低年级学员因未掌握好动作要领而出现失误时，得到的不是批评、责骂或是不屑一顾的嘲笑，而是激励的掌声和诸如“加油！你一定能行！”的鼓励声。低年级学员在这种气氛下，不仅完成了动作，更主要的是增强了自信心，这也是西点野外训练的主要目的之一。

作为年轻人，青少年们，你们有必要走进西点的精神殿堂，循着西点的足迹，创造属于自己的辉煌。重要的并不在于你现在的地位是多么卑微，或者手头从事的工作是多么渺小，只要你心存改进的愿望，只要你为此奋斗不息，并能为自己的目标付出行动，克制自己，那么你终将成功。正如西点人通过大量的艰辛付出最终脱颖而出一样，你也将通过持之以恒的努力，渐渐地远离平庸，拥有一个卓越的人生。

从某种意义上说，冲动与懈怠是两个相对的极端状态，前者容易使人做出错误的举动而影响成功的步伐；而懈怠，也是成功的大敌，一个懈怠的人的生活，工作节奏总是比别人慢，成功往往与这类人无缘。可见，青少年们，如果你渴望成功，你就需要做到理智地勤奋，才能有计划地成功！

日本有个汽车推销员，名叫椎名保文。他在丰田汽车公司的一个分公司里工作，在不到13年时间，他就销售了4000辆汽车。如果把13年按月数计算，他每个月平均等于销售汽车25.6辆。除了星期天和节日，每个月的实际工作日只有25天。那么，椎名是以一天一辆的速度推销汽车的，而他的顾客还都是个人消费者，没有一个大批购买的客户。他的速度真是很惊人。一般汽车推销员平均每月推销4到5辆，椎名一个人的推销量是几个人的工作量，是别人的五到六倍。一般而言，一个汽车销售公司经营的一个营业所平均有7至8个推销员，一个月大约平均推销30辆汽车，而椎名一个人的推销量相当于一个营业所的推销量。

椎名为什么能够推销那么多的汽车呢？一句话，勤奋产生效率。据说，他的鞋因为走路太多，总是在很短时间内，就不能再穿。

另外，可能有些青少年认为自己天资聪颖，不需要勤奋，而正是这种思想断送了不少人的大好前程。

天才的拉斐尔去世时才38岁，留下了287幅绘画作品、500多张素描，每一幅都价值连城；达芬奇是个乐观开朗、干劲十足又热情洋溢的人。每天天刚破晓就开始工作，直到工作室伸手不见五指，他才离开画布去吃饭休息……这些被世人称之为天才的人，如果只是等着发挥天才的作用，那可能早就被人遗忘了。他们的勤奋不懈才是被世人赞叹的最根本的原因。

所以，青少年们，不管你现在所从事的是怎样一种工作，只要你勤奋工作，向时间要效率，你就会享受到高效的工作成果给你带来的真正快乐。

只争朝夕，永不止步。要想获得人生的成功，你就必须保持百倍的警惕，就需要摒弃冲动与懈怠，从现在起，理智地成功，有计划地成功！

对此，青少年们应该明白，将理智与勤奋结合起来，才能做到高效地为成功积蓄力量，你需要做到：

1．立即行动，勤奋才能产生行动

我们都知道勤奋和效率的关系。在相同条件下，当一个人勤奋努力工作时，他所产生的效率肯定会大于他懒散的工作状态。高效率的工作者都懂得这个道理，所以，他们能够实现别人几辈子才能够达到的目标。

2．不要冲动，不妨先制订计划

制订计划时不要超过你的实际能力范围，而且内容一定要详尽。比方说，如果你想学习英语，那么你不妨制订一个学习计划，安排星期一、星期三和星期五下午5：30开始听20分钟的英语录音磁带，星期二和星期四学习语法。这样一来，你每个星期都能更实在地接近、实现你的目标。

# 经受多大的困难，也不能抛下责任

责任，对于任何人来说都是不可推卸的，它体现了一种社会必然性。人活着，就意味着要承担责任。然而，人们对于自己所承担的各种责任的意识和自觉的程度却是不同的。例如，在对待工作方面，有的人忠于职守、尽职尽责、克己奉公，有的人却玩忽职守、消极怠工、以权谋私。其中就反映出人们工作责任心的强弱。道德的根本问题在于调节个人利益与社会整体利益的关系。因此，责任心的强弱，能够反映一个人品德的优劣。一个责任心强的人，即使经受再大的困难，也不会抛下责任。

千百年来，人类拥有上苍赐予的许许多多美好的品质与情感，强烈的责任感就是其中的一点美丽的光芒，在一颗颗忠义的赤子之心中闪耀着。每一个青少年都是未来社会的主人，只有积极主动担起家庭、社会乃至国家的责任，才能成为一个合格的社会人、一个真正的男子汉。每个人都缺乏责任感的社会是不可想象的。因此，许多西点名人自觉与西点制度站在一起，把任何对西点制度包括陆军制度的政绩都看成是对他们本人的攻击。他们一再声称，“所有西点军校生都承认，塞耶母校激励着他们，让他们在自己的命运和我们的安全的道路上站稳了脚跟”。并认为，“西点成员的举止言谈谦虚，品格高尚，勇于负责，富有无私无畏的爱国主义精神，这是他们对我们社会的最大贡献”。国家、陆军、西点的领导者在这方面的认识几乎到了绝对一致的程度。随之而来，西点在强化学员责任观念上不仅坚持了一切行之有效的传统做法，还不断进行改进，让学员深刻认识自己的个人责任，特别是个人责任与社会责任的关系。

西点军人的责任意识，正是他们不断奋进、不断努力的不竭动力。青少年们，你若想像西点军人一样获得尊重，获得荣誉，就要时刻把责任放在心中。一个逃避责任的人注定失败，而一个勇敢承担责任的人，即使没有傲人的成就，也是一个生活中真正的强者，一个真正的人，真正的赢家。

1968年，墨西哥奥运会男子马拉松决赛主体育场。夜幕已经降临，发令的枪声在4小时以前已经响过，这场比赛的优胜者们早就领了奖杯，庆祝胜利的典礼早已结束，因此当坦桑尼亚选手艾哈瓦里孤零零地抵达体育场时，大部分观众早已离去。他双腿绑着绷带，一瘸一拐地走进了体育场，并坚持跑到终点。

在体育场的一个角落，享誉国际的纪录片制作人格林斯潘远远看着这一切。在好奇心的驱使下，格林斯潘走了过去，问艾哈瓦里："你在比赛途中受了伤，完全有理由放弃比赛，却为什么要这么吃力地跑至终点？"

艾哈瓦里回答说："我的祖国从两万多公里外送我来这里，不是派我来开始比赛的，而是派我来完成比赛的。"

在那一届奥运会上，艾哈瓦里没有获得任何名次，但他的名字比冠军更响亮。

作为一个奥运会选手，艾哈瓦里身上担负的是他的祖国、他的人民赋予的责任。比赛中，即使遇到再大困难，他也要坚持跑到终点，只有这样，才是对人民、国家负责。即使他没有获得任何名次，但他的这种责任意识却让人们深深记住了他。

然而，现实生活中，这种时刻把责任放在心中的人并不多，其中也不乏一些初入社会的青少年，他们工作懈怠，马虎了事，以这样的态度面对工作，又怎么能得到重用和提拔呢？

一个少女到东京帝国酒店做服务员，这是她涉世之初的第一份工作。但她万万没有想到，上司安排她洗厕所！上司对她工作质量的要求特别高：必须把马桶抹洗得光洁如新！怎么办？ 是接受这个工作？还是另谋职业？一位先辈看到她的犹豫态度，不声不响地为她做了示范， 当他把马桶洗得光洁如新时，他竟然从中舀了一碗水喝了下去！先辈对工作的态度，使她明白了什么是工作，什么是责任心，从此她漂亮地迈出了职业生涯的第一步，并踏上了成功之路。自然，她所清洗的厕所，一向光洁如新，她也不止一次地喝过马桶里的水。几十年一瞬而过，如今她已是日本政府的邮政大臣。她的名字叫野田圣子。

青少年们，如果是你，你敢从你洗过的马桶中舀水喝吗？在工作中追求完美，这也是工作责任感的体现。

其实，责任就是颗渺小的种子，一旦把它播种在你的心中，随着时间的推移，它会生根、发芽。要不了多久，它会成为小树苗，最后成为参天大树。经过努力，它会开花，点缀你的人生，最后结果，这是对你尽责任的回报。当你抛弃它，它就始终只是一颗种子；当你在尽责任中放弃了它，那它就会死亡，甚至给你的人生抹上一丝阴霾；如果你在它含苞绽放时，用骄傲拔掉了它，你就会在别人得到果实后而后悔，想要重新尽责任却没时间，更没有机会了。只有你坚持尽到这些责任，努力呵护它们，你的人生才会丰富多彩。所以，无论遇到多大的困难，你都不能抛下责任这颗种子。

## 西点启示

一个人如果养成了高度的社会责任心，对国家、对社会和对他人负责，自然也就能摆正个人利益与社会利益的关系，从而达到应有的道德境界。

这个启示告诉青少年，你若想做个真正的男子汉，就要担起各种各样的责任，对此，你需要做到：

1. 要学会去帮别人分担一些忧患

当然，这种分担要在自己能够承受的范围内。例如，在家庭里我们要担当起作为家庭一分子的责任，在班级里要担当学生的责任，在单位要担当员工的责任，在国家要担当公民的责任……

2. 做好本职工作，对自己负责

在这个社会上，每个人都扛负着自己的责任。做好自己的本职工作，不仅是对他人负责，更重要的是对自己负责。一个敢于担当的人，才能做好社会赋予的工作，才能达到自我价值的体现。

## 无条件的服从是一种强大的冲击力

综观古今，我们发现一个现象：真正成大事者，在实力不足的准备阶段，都能做到非常人能做到的隐忍，在上级面前，更是绝对的服从，当时机成熟之后，便一飞冲天，最终实现自己的价值，获得成功。现代社会，尚处于人生经验储备阶段的青少年们，无论你有什么样的理想和目标，无论你处于什么样的职位，都要做到无条件服从，因为它是一种强大的冲击力。任何人，在时机不成熟的情况下，都要积蓄实力，而服从不仅仅是向他人学习的方法之一，更为自己赢得了一个良好的努力和奋斗环境。在青少年们引以为豪的西点人那里，每个人都是无条件服从的榜样。

西点52届毕业生，国际电话电报公司总裁兰德·艾拉斯科说过："军人的第一件事情就是学会服从，整体的巨大力量来自于个体的服从精神。在公司中，我们更需要这种服从精神，上层的意识通过下属的服从很快会变成一股强大的执行力。"

对西点学员来讲，服从上级是百分之百正确的，因为他们知道，西点军校所造就的人才是从事战争的人，这种人要无条件执行作战命令，要带领士兵向设有坚固防御之地进攻，没有服从就不会有胜利。对于如何服从、执行，一位西点上校讲得很精彩："我们不过是枪里的一颗子弹，枪就是美国整个社会，枪的扳机由总统和国会来扣动，是他们发射我们。"而关于需要一个什么样的属下，巴顿将军曾对艾森豪威尔将军说，"我不需要一个才华横溢的班子，我要的是忠诚和执行。"他拥有的正是这么一个有执行力的参谋班子，他们默默

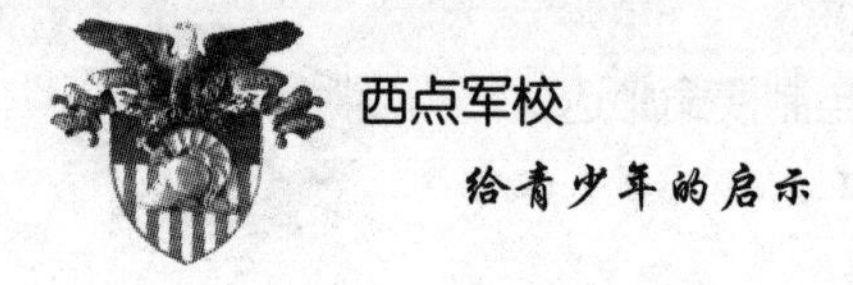


无闻地、一贯效率很高地执行他的命令和主意，并完全服从和适应他本人，他的一套军纪、规矩和风格。在西点，服从主要是一项考验，学员若能成功地通过这些考验，即可达到自律自制，以及更大的自主独立，使他们日后能够成为不求近利、高瞻远瞩的管理者。而西点学员在各行各业的成功都证明了这一点。

同样，现代社会，任何企业、任何上级，也同样需要如西点军人般、具有高效的执行力、无条件服从的员工。公司中管理者的成败，在很大程度上也是取决于员工有没有学会服从。服从即遵照指示做事。为此，青少年们，你如若希望自己能得到领导的信任，得到提拔，为以后自己的成功铺路的话，就需要做到无条件服从，这就需要你必须暂时放弃个人的独立自主，全心全意去遵行所属机构的价值观念。服从需要个人相当大的努力，特别是一向珍惜个人自由、自主的员工。

在西点军校，即使是立场最自由的旁观者，都相信一个观念，那就是“不管叫你做什么都照做不误”，这样的观念就是服从的观念。西点人认为，军人职业必须以服从为第一要义，服从是自制的一种形式。

对于“没有任何借口、无条件执行”这句话的理解也许我们谁都比不上士兵杜瑞松。

莱瑞·杜瑞松在第一次奉派外地服役的时候，有一天连长派他到营部去，交待给他7件任务：去见一些人、请示上级一些事，还有一些东西要申请，包括地图和醋酸盐（当时醋酸盐严重缺货）。杜瑞松决心把7件任务都完成，虽然他并没有把握要怎么去做。

果然事情并不顺利，问题就出在醋酸盐上。他滔滔不绝地向负责补给的中士说明理由，希望他能从仅有的存货中拨一点给他。杜瑞松一直缠着他，到最后不知道是中士被杜瑞松说服了，还是他实在没有办法摆脱杜瑞松的纠缠，中士终于给了他一些醋酸盐。杜瑞松去向连长复命时，连长并没有多说话，但是很显然他有些意外，因为要在短时间里完成7件任务确实非常不容易。或者换句话说，即使杜瑞松不能完成任务，也是可以找到借口的。但他根本就没有想

到去找借口，他心里根本就没有放弃的想法。

杜瑞松的故事告诉我们，一个人，今日的无条件服从，就可能带来日后的腾飞。和杜瑞松相比，生活中很多人的做法却不是这样，他们把宝贵的时间和精力放在了如何寻找一个合适的借口上，而忘记了自己的职责。寻找借口唯一的好处，就是把属于自己的过失掩饰掉，把应该自己承担的责任转嫁给社会或他人。这样的人，在企业里不会成为称职的员工；在学校不是一个好学生；在社会上不是一个好公民。这样的人，注定是一个失败者。

## 西点启示

服从是行动的第一步，放弃个人的一些观念，而完全融入到组织的价值观念中去。只有学会了服从，才有可能以最佳的方式处理好个人利益与集体利益的关系。服从命令，并且立刻着手去做，这样才能在竞争中把握先机。

那么，青少年们，你该如何做到让无条件服从给你带来冲击力呢？

1. 先暂时放下自己的独立自主，融入组织

处在服从者的位置上，就要遵照指示做事。服从的人必须暂时放弃个人的独立自主，全心全意去遵循所属机构的价值观念。一个人在学习服从的过程中，对其机构的价值观念、运作方式，才会有更透彻的了解。

2. 在服从中学习，服从中提高

服从并不是让你无头脑、盲目地接受上级交代的命令，你要懂得思考，在执行中提高自己的能力、丰富自己，才能做到蓄势待发，一飞冲天，否则，你只能永远服从别人。

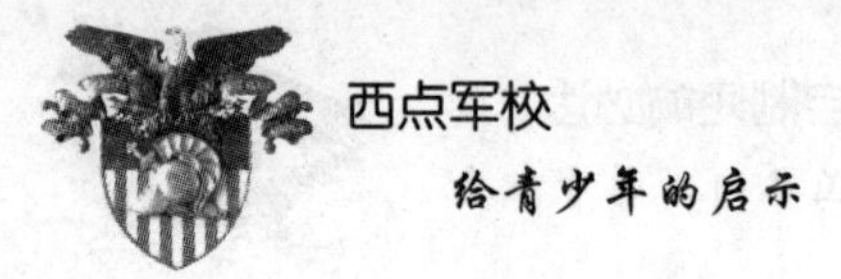



# 用高度自制来兑现高度自由

世界上的任何事情都不是绝对的，自由也是；没有纪律的约束，自由就会泛滥成为堕落。生存于社会中的每个人，尤其总是标榜自己需要自由、希望摆脱管制的青少年们，都不要苛求社会和集体给予自己绝对的自由，更不要把纪律当成洪水猛兽那样恐惧。如果你希望获得高度的自由，那么，你要做到的就是做到高度的自制。

英国克莱尔公司在培训新员工时，总是先介绍本公司的纪律，首席培训师加培利总是这样说："纪律就是高压线，它高高地悬在那里，只要你稍微注意一下，或者不是故意去碰它的话，你就是一个遵守纪律的人。看，遵守纪律就是这么简单。"的确，青少年们，如果你稍微倾注心力，就省去了很多抱怨和烦恼，你不会怨恨纪律严格，也不会讨厌上司的严厉，一个人是能够并愿意作出多种选择的……艰苦奋斗胜于舒适生活；真理胜于错误；正确胜于荒谬。这每一项都要求一个人认真考虑和选择，即便是不在别人监视和控制之下，也能懂得什么是正确的，什么是国家所希望的……

简而言之，这就叫自觉的纪律，很明显，西点军校的学员比其他人更具备这样的品质。在纪律问题上，对上司的服从上，巴顿将军态度毫不含糊。他深知，军队的纪律比任何纪律都重要，军人的服从是职业的客观要求。他曾说过："纪律是保持部队战斗力的重要因素，也是士兵们发挥最大潜力的关键。所以，纪律应该是根深蒂固的，它甚至比战斗的激烈程度和死亡的可怕性质还要强烈。""纪律只有一种，这就是完善的纪律。假如你不执行和维护纪律，

你就是潜在的杀人犯。”巴顿如此认识纪律，也如此执行纪律；并要求部属必须如此，这是他成就军事事业的重要因素之一。但巴顿并不是强硬的命令者。他从不满足于运筹帷幄和发号施令，他经常深入基层和前线考察，听取部属意见，而且身先士卒，让部队感受到统帅就在他们中间，从而“愿意听从他的命令”，愿意服从他的指挥。纪律的钥匙就是了解和自尊。

西点良好的纪律就来自于每个学员的自制，而正是如此，他们都在这种既严肃又活泼的环境中进行训练和学习，从这一点上说，他们又是自由的。可见，自制虽然需要克制，但换来的却是身心的自由。现代企业，创造性的纪律，能使上级与下属之间更加融洽。它也能使已犯过错误的员工和将会犯错的员工之间，在自尊上相互感应。更重要的是，我们要记住，我们自己首先要自律，才能将纪律有效地加诸于别人。

青少年们，无论你现在从事什么工作、处于什么样的地位，可能你觉得自己会被纪律和规章制度所累，这就是因为你没有从意志上来克制自己，于是，多了一些抱怨，多了一些无奈，多了一些压力……如果你换种状态去面对工作和生活，从意志上排除纪律带来的苦楚，意识到“努力奋斗能排除心中怨恨”，做到自我克制，那么，你的工作效率和人际关系会有另一番景象。

著名的信用担保公司盛达贤集团是这样诠释纪律的：

①公司的职员必须遵守公司纪律，就像一个足球队员必须遵守比赛规则一样，犯规是要受罚的，轻者黄牌，重则红牌；②公司是一部现代化的机器，它必须按一定的规则动作，任何一位员工必须熟悉和遵守这项规则。③守时是纪律中最原始的一种，无论上班下班约会都必须准时，守时即是信用的礼节，公共关系的首环，也是优秀业务员必备的良好习惯。④投入也是纪律，上班的每一分钟都必须投入到你的工作之中，散漫、聊天、旷工都是公司所不允许的。⑤如果你不满意眼前的工作，请向你的上级报告，公司会为你营造富有造性及满意的工作环境。⑥团结是纪律，破坏团结的言行就是破坏纪律。

青少年们，假如你正在为一家企业或者某个单位效力，你做到这些了吗？如果没有，就请记住这几条，并把它们当作自己工作中的信条。当你能做到这些的时候，你会发现，其实你的工作很轻松、很自由！

## 西点启示

自制是刚毅的本质，也是性格的灵魂。自制使人充满自信，也赢得别人的信任。无论是谁，只要能下决心，决心就会为他的自制行为提供力量和后援。能够支配自我，控制情感、欲望和恐惧心理的人会更自由、更幸福。否则，不可能取得任何有价值的进步。

当然，青少年们，你要做到自制，不是很容易的事。要循序渐进，切不可急躁。每天给自己制定一个强于昨天的目标，只要达到就是成功，这样会在不知不觉中提高。有以下一些建议，可供参考：

1. 加强思想修养

人的自制力在一定程度上取决于他们的思想素质。一般来说，具有崇高理想抱负的人决不会为区区小事而感情冲动，产生不良行为。因此，要提高自制力最根本的方法是树立正确的人生观、世界观，保持乐观向上的健康情绪。

2. 提高文化素养

一般来说，一个人的文化素养同其承受能力和自控能力成正比。文化素质比较高的人往往能够比较全面正确地认识事物，认识自我和他人的关系，自觉地进行自我控制、自我完善。

3. 稳定情绪

用合理发泄、注意力转移、迁移环境等方法，把将要引发冲动的情绪宣泄和释放出来，保持情绪稳定，避免冲动。

4. 要强化自我意识

遇事要沉着冷静，自己开动脑筋，排除外界干扰或暗示，学会自主决断。要彻底摆脱那种依赖别人的心理，克服自卑，培养自信心和独立性。

5. 要强化实践锻炼

一方面要加强学习，积累知识，开阔视野，用知识来武装和充实自己，提

高自己分析问题和解决问题的水平，并通过学习别人经验来扩展自己决断事情的能力；另一方面，要积极投身到部队生活实践中去，刻苦锻炼，不断丰富经验，提高自己的适应能力。

6. 要强化积极思维

俗话说：“凡事预则立，不预则废。”平时注意经常思考问题，增强预见性，关键时刻才能及时、果断、准确地做出选择。

# 自制力愈高的人，成事的能力愈强

美国心理学家沃尔特·米切尔曾做过这么一项实验。他给幼儿园里一群4岁的小朋友每人一颗果汁软糖，并对他们说：我现在出去办事，一会儿就回来（约20分钟），如果你们能等到我回来再吃这颗糖，我就会再给你们另一颗软糖；如果你们等不到，你就只能吃这一颗。

结果，有的孩子为了多得到一颗糖果，坚持熬过了20分钟（对于4岁的孩子而言，20分钟已经很漫长了）；而有的孩子却早已经把糖吃掉了。米切尔对实验的结果作了记录，并对这群孩子进行了长期的跟踪调查，直到他们高中毕业。米切尔发现，那些坚持住了的孩子在进入青春期和高中阶段后，往往表现出很强的自信心，更独立、积极、可靠，能够很好地应对挫折，遇到困难不会手足无措和退缩；而那些没能坚持的孩子长大后，大部分都表现出退缩羞怯、经不起挫折失败、好妒忌、脾气急躁。更令人吃惊的是，前一种孩子的学习成绩远远要好于后一种孩子的成绩！

自律是最难以获得的品质之一。事实上，很多孩子都很难真正控制自己。这个实验告诉我们：为了一个目标，如果能够抵制一时的诱惑和冲动，就更有成功的可能。自制力愈高的人，成事的能力愈强大。难怪作家塞缪尔·斯迈尔斯说："自律自制是品格的精髓，美德的基础。"同样，生活中的青少年们，如果你希望自己能在日后有所成就，就要锻炼自己的这一品质。无疑，西点军校的学员在这方面堪称你的榜样。

西点军校非常强调纪律，而要很好地遵守纪律，就要学会克制。在西点，

军官向学员下达指令时，学员必须重复一遍军官的指令，然后军官问道：“有什么问题吗？”学员通常的回答只能是：“没有，长官。”学员的回答就是作出承诺，就是接受了军官赋予的责任和使命。就连站军姿、行军礼等千篇一律的训练，都无一不是在培养学员的意志力、责任心和自制力。在这样的训练中，西点军校的文化慢慢渗透到了每一个学员的思想深处，让他们做到坚持自觉遵守纪律，在绝对的纪律下，它还能无时无刻不激励着你，让你总是具有饱满的热情和旺盛的斗志。西点军校流传着这样一句豪言：“美国的大部分历史是由我们所培养出来的人才创造的。”在这种高度的自制自律下，西点人有此豪言也就不足为奇。的确，百年西点具有无穷的魅力，它是著名将领、商界奇才、企业领导、国家领袖等各界精英的摇篮。

青少年们，你要明白，一个能战胜自己的人是无敌的。通常，我们遇到的最强大的对手往往不是别人，而是自己。因为人的缺点常常是很顽固的，即所谓“江山易改，禀性难移”。而要想参与激烈的竞争，并在竞争中取胜，就必须克服自身的缺点！一个自律的人能够不断克服陋习、完善自己，一个不能自律的人却会被自己的一个小缺陷轻易击败。一个人是强大还是弱小，是由其能否战胜自我而决定的。

我们知道，那些取得辉煌成就的人，都是吃了很多苦才成功的，为什么他们自找苦吃呢？是他们以苦为乐吗？其实不然，大家对客观事物的情感体验是大致相同的，没有人早起晚歇地工作而不觉得累的，没有人不觉得娱乐是有趣的，没有人觉得累得腰酸背痛是舒服的，没有人觉得周末睡个懒觉是难受的……“以苦为乐”是他们帮助自己提高自制力的一种心理暗示方法而已。那么他们为什么要自找苦吃呢？其实他们是将目标放在了经过一定的痛苦而获得的更大的更长远的快乐上。大部分人的目光只放在了眼前，求了一时之欢，却要在之后的日子承受长久的痛苦，“少壮不努力，老大徒伤悲”。成功的人呢，他们“不惜金缕衣”，而珍惜时间；他们坚信“吃得苦中苦，方为人上人”，他们也是趋乐避苦，不过趋的是大乐，避的是大苦。

## 西点启示

一个人的成功并不取决于他的天赋、地位和财富，最关键的还是取决于他是否能不断地从多方面克服缺陷，努力战胜自我。只有能够战胜自我的人，才是真正的强者！

那么，青少年们，你该如何增强自己的自制力呢？

1. 充分预测困难，做好准备

有句话叫“如果准备做失败了，就是在为失败做准备”，准备好迎接困难是准备中的重要一部分。不论哪种成功，都需要一些必备的品质，比如专注、勇敢、拼搏等，但在朝着这个目标去做的过程中，会有很多困难接踵而至。如果你在做事之初没有准备好，这样的突袭会很容易使你的意志溃不成军。所以在做每件事情之前，你要充分预测可能遇到的阻碍和诱惑，并为之做好准备，想到应对的办法。

2. 全局思考

通常当我们想去做一些不必要的事情寻求快乐的时候，为了让自己心安理得，我们会给自己找一些借口，比如郁闷、没心情学习、工作得有点累了等，这些借口大部分都是过分强调即时性，实际上我们是有意识地过分夸大这些看似紧急但毫无意义的事情。这时我们可以微笑着问自己：“是不是借口？”然后我们从全局来考虑：我们是不是追求远大的目标，长久的快乐？我们的人生目标难道是看更多的精彩节目？这些即时的东西对我们有什么实质帮助？相比学习，如果去贪图眼前的小快乐，自己将会损失那个远处的大快乐，值不值？权衡之下，你会做出明智的决定。

3. 自我暗示

成功学核心是意识和自制，为了提高自制，我们也可以运用意识，选择一个有利于自己的情境来自我暗示。比如当自己学了一会儿就感到静不下心时，闭上眼睛，调整呼吸，然后有意识地把自己学习一段时间后产生的厌倦情绪忘掉，暗示自己其实是刚刚马上要学习，然后做出奋斗的表情开始继续学习。

# 第8章

## 团结协作，懂得合作的男人才能缔造辉煌

——像西点军人一样建设团队，超越自我

# 各取所长，完美配合高效合作

古人云：“三个臭皮匠，赛过一个诸葛亮”，这句话很明确地表明了团队合作的意义：团队行动可以达到个人无法独立完成的成就。也就是说，只要团队中的每个人都能充分发挥个人的才智，就能将团队的力量发挥到最大。但这里的充分发挥，很明显，是要各取所长，把每个人的力量发挥到最大。

西点人十分注重相互合作，他们深知只有合作才能发展，单纯依靠个人自身的力量是不能够真正强大起来的。西点在培养学员合作精神上，有一套独特的方法。西点军校有个说法叫“你得合作，才能毕业”。比如说，有些学员文化成绩很好，运动成绩却不行，有些人恰好相反。所以他们就把这两种人组合起来，让他们互相帮助，共同毕业。

西点在实际的工作环境中，尽量模拟学员将来在战场上可能经历的情境，培养他们的团队精神和默契。在西点军校巴克纳野战营，有一个活动，是把学员分成每组35人左右的几个小组，大约是一排的规模，让各组在几个小时之内完成组合桥梁的任务。这是靠团队合作才能完成的任务，这种组合桥，每一块桥面和梁柱都有几百公斤重，光是要抬起一块桥面，就需要一群人的力量。在这个活动中，西点看到了团队合作的两大阻碍，而且相同的问题一再出现。第一个是技术问题，如何从地面爬上平台（各组以叠罗汉的方式，先把最高的一个人送上去，再由他从平台往上拉大家上去）。第二个是人的问题，如何克服个别的弱点，例如说个子最矮或体重最重的学员。每个人对问题的看法是不是都能充分表达，如何选择一个最理想的解决办法，同时又能够维持团队精神和

士气。

的确，青少年们，你正处于风华正茂的时代，凡是力求表现自己，或许你也有某项特殊的才能，但现代社会，即使能力再强，单枪匹马都很难取得成功。而你只有把自己融入到一个团队中，采取合作和配合的方式，并发挥自己最大的长处为团队效力，你才能在取得团队效益的同时成就自己。

外国有这样一则故事：

一个跳伞运动员不幸在跳伞时被刮住了，跳伞运动员被悬挂在起落架上随风飘浮。这时飞机驾驶员发现了，他想救这个运动员，可是当一个副驾驶员来到机舱外时，不论他怎么割救生伞也割不断，运动员只能被继续悬挂着。为了救这个运动员，驾驶员想方设法也无济于事，最后他们只能带着运动员飞回机场。然而为了不让运动员在降落时受伤，或者说为了挽回运动员的生命，驾驶员只能降低速度。按平时飞机每小时速度是80公里，可是为了救运动员，他们只能保持在每小时60公里的速度，由于这个速度阻力小弄不好飞机有可能一头栽下去。当飞机在机场上空盘旋时，由于速度过慢，驾驶员已经感受到了飞机的震荡，稍不注意就可能发生危险。此时，驾驶员稳如泰山，他一面握着方向盘，一面聚精会神看着前方。他在观察前方情况，这时他发现跑道前方有一片草地，飞机在这样的地方降落可以减轻摩擦，对保护运动员有好处。然而也有不利因素，如果处理不好仍然会造成机毁人亡，这是一个大胆的想法，不知机下的运动员怎么想的，如果配合不好即使飞机没有危险他同样会发生意外。这时候最大关键就是密切配合，运动员能否合作成功，生命能否保住，关键就在此一举。就在飞机落地的一瞬间，运动员猛地把自己身子缩小，把头勾起来，他这样做的目的就是不让自己在飞机落地时碰到地面，保护自己不受伤，他的冷静给他带来了生还的希望。飞机成功降落，运动员只感到自己皮肤接触地面相碰时的火辣辣的感觉，虽然他受点轻伤，但其他一切正常。当他看到救他的车辆驶过来时，他兴奋地对救他的人说："我太幸运了！"有人告诉他："不是你幸运，是你们配合得太好了。"

是的，看似最坏的选择，有时会是最好的；看似无法配合的事，有时配合起来十分完美，这就是生活中的逻辑性。类似这样的事生活中极少发生，然而说明了生活中配合与协助的精神是必不可少的。同时，在配合的同时，需要每个人都运用自己最擅长的方法，在这次冒险活动中，如果没有驾驶员对飞机的操作的绝对熟练，没有运动员对身体机能的把握，他们无论如何是过不了这一关的。对这种事外国电视里也做过报道，而且还进行过实验，结果因为飞机速度把握不好而失败。

飞行如此，其他行业也是如此，都需要这种配合。如果没有配合，没有协作精神，什么事也不会成功。生活中的每个青少年，不仅要意识到合作的力量，更要掌握好如何合作发挥最大效用的方法，也就是各取所长，只有配合完美才能高效合作！

## 西点启示

一个人的能力是有限的，只有愿意并善于与人合作，才能够弥补自己能力的不足，进而获得更大的力量，争取更大的成功。

那么，青少年们，怎样才能发挥自己在团队中的最大作用呢？

（1）管理好自己。作为团队中的成员，一定要管理好自己，把自己优良的工作作风带到团队中，才能影响到其他成员也尽自己最大的力量为团队效力。

（2）明确团队工作的目标，掌握好如何高效率地完成工作目标的方法。

（3）和其他成员做好沟通工作，协调好团队成员间的关系。

# 不逞个人之能，团队缔造辉煌成绩

我们常说，团结就是力量，因为这个时代是一个竞争空前激烈的时代，一个人的力量是十分有限的，即便他是一位出类拔萃的“英雄人物”也需要一个执行的团队，我们相信海尔只有张瑞敏，华为只有任正非，联想只有柳传志和杨元庆，阿里巴巴只有马云，腾讯只有马化腾的话，这个世界一定不会有他们所在企业的成功！所以，唯有团队的力量才是不可估量的，也是达到成功目标的唯一的能力！在团队工作中，作为成员之一，任何人都要以团队利益为重，不能逞个人之能，过于冒尖和个人主义都是不利于团队合作的。而作为年轻一代的青少年们，无疑，也都想表现自己的才能从而获得认可，但你要明白，身处团队中的你，只有团队的辉煌才能带来个人的荣耀，任何以牺牲团队利益为代价的冒尖的最终结果只能是失败。

西点82届学员、西尔斯公司的第三代管理者罗伯特·伍德说：“不论再强大的士兵都无法战胜敌人的围剿，但我们联合起来就可以战胜一切困难，就像行军蚁（美洲的一种食人蚂蚁）一样把阻挡在眼前的一切障碍消灭掉。”

在西点，教员们都会对新学员进行这方面的教育，使他们懂得：一个人的能力是有限的，当一项工作或任务远远超出个人能力范围时，进行团队协作就势在必行。西点军人的团队不仅能够完善和扩大个人的能力，还能够帮助成员加强相互理解和沟通，把团队任务内化为自己的任务，真正做团队工作的主人，这样的团队会战胜一切困难，赢得最终的胜利。而作为这样的团队成员也会在团队协作这个过程中迅速地成长起来。

据一位有经验的资深军训军事长说，美军严格训练甚至“羞辱”和“欺负”新兵的一个重要目的，是不惜用粗暴甚至是“非人的手段”来“把这些娇生惯养的个人主义者们完全击垮打碎，然后再拾起碎片来，重新塑造成合格的军人”。的确，在物质生活优裕，个人主义盛行的美国，要把养尊处优、自由自在惯了的青年人塑造成一架战争机器上的可靠零件，令行禁止、雷厉风行、能打恶仗，不来个脱胎换骨的锤打磨炼恐怕是不行的。西点大搞艰苦军事训练的一大口号居然是引用一句我们都很熟悉的“平时多流汗，战时少流血”。

的确，很多年轻人奉行的做事原则就是个人主义、我行我素，但大多数个人主义者都逃脱不了失败的命运，究其根源是因为他们身上鲁莽的色彩和先天的不足，而如果这些年轻人都能和西点军人一样，在融入团体之前，先削去自己的棱角，想必也会少走些弯路。我们可能听过这样一个故事：

在篓子里放一只螃蟹，这只螃蟹很快就爬出去了，但如果放进一群螃蟹，就算没有盖子，这群螃蟹也爬不出去，因为只要有一只往上爬，其他的螃蟹便会攀附在它身上，把它拉下来，

这就是“螃蟹效应”。在一个团队里，如果成员之间像这些螃蟹一样，为各自利益而互相打压，这个团队永远也不可能前进。

这种现象出现在现代社会中的很多企业中，个人主义和逞能行为导致这些团队不能充分发挥效力。为了取得胜利，圆满地完成任务，个人之间就必须全力合作，必须建立强大的团队。团队中所谓的“英雄”也只不过是逞能、争强好胜、善于表现自己的代名词。“事成于和睦，力生于团结”。作为团队的一员，如果无法改变这种情形，要么与团队一起消亡，在沉默中死去；要么奋然反抗，在沉默中爆发。

可能很多青少年会产生疑问，是不是个人在团队中就没有发挥优势的可能了？答案是否定的，因为，任何一个团队都是由个体组成的，每一个最小的个体都代表一个人，每个人自然会有他的个性差异，从而形成自己的个性特点。团队是赞成容忍个性差异存在的，当然应该是在团队整体性统一的基础上的差异。

在一个团队中，只有每个成员都最大限度地发挥自己的潜力，并在共同目标的基础上协调一致，才能发挥团队的整体威力。唯有善于与人合作，才能获得更大的力量，争取更大的成功。既然团队中不能有逞能行为，那么，青少年们，怎样才能让你在团队中的优势得到发挥呢？我个人认为应该做到以下几点：

（1）你必须以团队的利益为自己的利益，以团队的价值观为自己的价值观，以团队的目标为自己的目标。

（2）要努力形成自己的优势。任何一个团队都不可能只要一种人才。各个领域，各种能力的人形成互补的优势越强，团队的竞争力也就越强，成功的希望也越大。因此，团队需要每一个个体都能够有自己的优势，而这种优势最好是团队中其他的个体所不具有的，正好可以弥补团队在某一个领域的不足。

（3）要保持谦虚的态度，相信地球离了你照样转。一个人千万注意不要自高自大，要学会谦虚，不仅仅因为谦虚是一种美德，而且，还因为一个人的能力再大都是比较有限的。

所以，每个青少年都要永远记得：任何人都有自己的长处，千万不要因为你有别人没有的能力就目中无人，结果只能让你为这个团队所遗弃，再也没有可以发挥的平台。

# 忘记“小我”，心中只有一个“大我”

关于“利益”一词，似乎人们会认为它本身就是个矛盾体，认为团队利益与个人利益之间有着不可调和的矛盾。但实际上，并不是如此，作为团队中的个体，个人利益并不需要在牺牲团体利益的基础上才能实现。现实生活中的每个青少年，不管你多么优秀，如果不是单打独斗而是一个团队一员的话，你所有的行为都应该对团队负责，决不能有伤害团队利益的行为，因为，团队才是让你依靠的平台，你和它的关系就如高楼大厦与地基一样，如果没有土地的支撑你将无法屹立在地面上，更不可能成为人们欣赏的风景。所以，你的一切言行都必须以团队的利益为利益的基础，以团队的价值观为个人价值观的基础，以团队的目标为个人目标的基础，然后在这些基础上发挥优势。也就是说，真正的团队成员，要做到忘记“小我”，心中只有一个“大我”。

西点人是十分注重团队精神的，在他们进入西点军校的第一天，就被灌输强烈的合作意识；生活在群体中，就必定要与他人分工合作、分享成果、互助互惠。因此，每个西点成员都必须接受“共患难”这样一个过程。

在西点，基础训练并非总是那么公平，学员们有时会平白无故地受训斥。但一名普通新学员受到的最不公平的待遇，莫过于教官处罚队员时的“一视同仁”。

如果有谁在操练和射击时没按指令做好，或着集合时有人迟到，那全排的学员都得和违反纪律的学员一块儿到操场上去做俯卧撑。如果有学员跑步时没有跟上步子，那些按时跑完的学员也得受处罚。如果有学员掉了步枪，那其余

的战友也得接受处罚，而不仅仅是掉枪的学员。西点新兵训练营里发生过这样一件小事：有3名新学员射击不达标，却被安排在一个休息室里大口大口地喝着柠檬汁，而其余达标的新学员却在炎炎烈日下无休止地继续训练。

西点的学长以一种极有说服力的方法宣扬这种共同受罚的制度。这位不幸的犯错者不得不连续好几个小时面对那些极不耐烦的队友们。他们会教他如何操练，告诉他如何组装手枪，以及其他一些训练科目。有时，甚至全体学员都要熬到半夜。第二天一早，当起床号响起时，新学员们个个两眼发黑，但其训练的态度却是全新的。当然，现在西点已杜绝熬夜的做法，但"共同受罚"的确在西点的整体塑造上起了很大的作用。

年轻的西点队员通过这种"一人犯错大家承担"的痛苦方法懂得了一个道理：自己是团队中的一员，团队中的任何一件事都和自己有关。

同样，生活中的青少年们，也要学习西点军人的这种精神，这样，你所在的任何一个团体中的每个人都能把精神心力百分之百地用在工作上，而不把它分散在相互倾轧和彼此对立、互相掣肘上，这个公司的工作效率一定很高。而且，大家精神一定愉快，意志一定集中。即使物质条件差一点，成绩也不会因此而降低。

而事实上，现代社会的很多年轻人，包括一些青少年，在职场中普遍表现出的自负和自傲，使他们在融入工作环境方面显得缓慢和困难。他们缺乏团队合作精神，比如，自己做项目，不愿和同事一起想办法，每个人都会做出不同的结果，最后对公司一点儿用也没有。

曾经有这样一个寓言故事：

有人想知道什么是天堂和地狱。上帝带他走进一个房间：一群人围着一大锅肉汤，却个个骨瘦如柴， 因为每个人手上有一只手柄比手臂还长的汤勺，够得到锅却不能将汤送到嘴里。只能望"汤"兴叹；而天堂，同样是一间房、一锅汤、一群人，一样长柄的汤勺，但人人满面红光，快乐地唱着幸福的歌，"为什么地狱的人喝不到肉汤，而天堂的人喝得到呢？"上帝微笑着说："很简单，这里的人都会喂别人。"

的确，如果团体中的每个人都对所在的公司缺乏强烈的归属感，以自己的利益为上，总是不思进取、放任自流，只想回报，不愿付出，那么，他也不会得到任何团队给予的回馈。因为一个人的成功不是真正的成功，团队的成功才是最大的成功。反过来说，一个团队，一个集体，对一个人的影响十分巨大。善于合作，有优秀团队意识的员工，整个团队也能带给他无穷的收益。一个个体要想在工作中快速成长，就必须依靠团队，依靠集体的力量来提升自己。

## 西点启示

个人利益与集体利益并不冲突与矛盾，而是相辅相成的，作为团体中的一员，在保证了团体利益实现的同时，个人价值与能力也会得到提升。

那么，青少年们，该如何做到在团队利益和个人利益之间达到均衡呢？

1. 发挥个人优势，为团队尽心尽力

团队中的每个人都有自己的缺点，但也都有个人优势。如果你想为团队效力，取决于你有没有能力，也就是优势，比如组织能力、协调能力、比如公关能力、谈判能力、比如技术能力、执行能力等，如果你有，并且是别人所没有的独有的能力，那么，你在团队中的优势就显而易见。

2. 要知道什么时候发挥，要善于等待和创造机遇

也就是说，要善于等待机会，该显本事的时候才显，不该显的时候不要强行“逞能”，否则，急于求成不仅不能达到目标，反而会给自己带来不必要的误解，有人把这称为“不识时务”。所以，知道在什么时候发挥很重要。

当然，这样说并不是要你采取被动的消极的等待，而是应该有计划有目的的积极等待，不仅要善于捕捉一闪即过的“灵光”——机遇，而且，还应善于创造机会，表现自我的能力，展现自己的优势。当然，这主要取决于你对团队未来走向的分析，你对大局的掌控能力和处理问题的经验。

# 主动与上级沟通，得到更大进步

身处这样一个激烈竞争的时代中，每个青少年要想保持竞争优势，就要有“比他人学得快的能力”。而与上级沟通，你就可以变得更优秀，获得更多成功的机会。每个好下属都不会错过这样的学习机会。他们会从上级的一言一行、一举一动中观察处理事情的方法。这一点，西点的学员也是这么做的。

在西点，胸怀大志的年轻军官多半是由学长们培养出来的。正是这些学长，而不是军官或指导员，在几个月的时间里指挥新学员，把他们培养成合格的西点军官。学长对待新学员是极其严厉的，新学员害怕他、尊敬他、服从他、钦佩他，从他那里学会了怎样在战场上生存的本领。西点新学员都能够把学长看成自己的老师，因为他们明白学长必然在某一方面存在着过人之处，不管承认与否，这都是客观存在的。在西点，真正的好军官教导新学员，只用适度的军事方法，决不引经据典、絮絮叨叨；他们让新学员心悦诚服地接受挑战，并为他们设立公平的目标。好的军官对新学员以诚相待，他们让新学员在没有严酷的价值判断、公开批评或者军队官僚干扰的情况下顺利成长。虽然好的军官也难免有自己的特性、怪癖，甚至有时会表现得不那么大度。但就总体来说，还是处处可以表现出经验丰富、工作努力、智慧深邃的姿态的。

西点的每一门课程，授课老师在其专业领域都是具有实务经验的。教授军事历史的老师，在美国当代的军事行动中亲自参与创造了历史。国际关系的师资就来自外交界。教作文的老师，也是派驻过全球各地，担任过多年公关幕僚的军官。这些教师带来丰富的实务经验，与理论相辅相成。

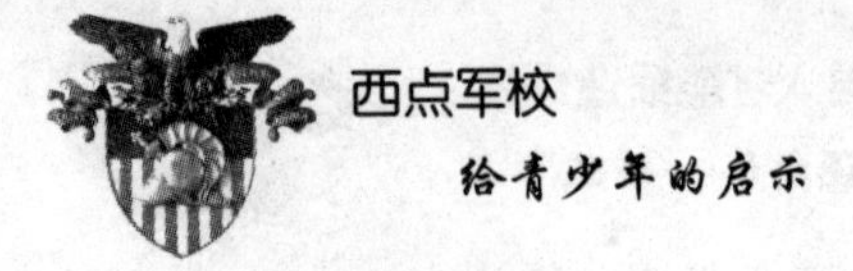



的确，向上级学习，不是因为他是上级，而是因为他优秀。上级之所以能成为上级，一定有他的过人之处。在一个单位中，上级往往是最大的风险承担者，除了要应对外界的竞争，他们还要打理方方面面的关系。可以说，身为领导所面临的压力是普通员工所无法想象的，从这个角度上说，领导都是最优秀的。单凭这一点，就值得每个普通的青少年去学习和效仿。要学习，就需要你主动与上级沟通，身处繁忙事务中的上级不可能做到关注每个下属的动态；同时，你主动沟通，也体现了你积极上进的工作和学习态度。一般情况下，上级都乐于向你传授经验和教训。

有两个年轻人去一家公司应征。第一位前去拜访的名叫杰瑞，面谈结束后他用一种厌恶的口气说："这个老板实在是太苛刻了，他居然只肯给月薪400美元，这样的老板我跟着他干什么？不干！"然后换了一家公司，月薪600美元。

后来去的年轻人名叫汤姆，尽管开出的薪水也是400美元，尽管他同样有更多赚钱的机会，但是他却欣然接受了这份工作。有人问他为什么不换一家待遇更好的，他说："我对老板的印象十分深刻，我觉得只要能从他那里多学到一些本领，薪水低一些也是值得的。从长远的眼光来看，我在那里工作将会更有前途。"

四年后，第一位年轻人也只能赚到年薪8750美元，那家公司最初给出的年薪是7200美元，相对来说，实在没有高出多少。而最初薪水只有4800美元的汤姆呢，现在的固定薪酬是20000美元，另外还有红利。

这两个人的差异到底在哪里呢？杰瑞被最初的赚钱机会蒙蔽了，而汤姆却基于能学到东西的观点来考虑自己的工作选择。聪明的下属就像汤姆这样，不放过向领导学习的机会，因为他们深深懂得，遇上一个好领导可以让我们受益无穷，其价值远胜于一次发财获利的机会。错过这样的机会，实在是一种莫大的遗憾。

与上级沟通，向上级学习，那么你做事会更尽心尽力，你更会得到上级的欣赏。像上级一样思考，你就会主动去考虑企业的成长，考虑企业的费用，你会感觉到企业的事情就是自己的事情。你知道什么是自己应该去做的，什么是自己不应该做的。否则，你就会得过且过，不负责任，认为自己永远是打工者，企业的命运与自己无关。这样，你也不会得到领导的认同和器重，你也将难逃打工仔的命运。

对新入职场的青少年来说，工作和生活的经验都很匮乏。此时，许多工作

事宜对新员工而言，都有赖于他人教导，都必须认真学习。刚进入公司，就是自我成长而努力学习的阶段。所谓“近水楼台先得月”，你绝不要放过向身边的领导学习待人接物以及工作技巧的机会，如果你能够经常以积极、谦虚的态度来请教上级，他也必然乐于慷慨相助。

当然，上级也不是神，他也有缺点，有不足，甚至会令人不快。但是，他的成功，一定是他具备我们还没有的特质，发现了他的这些特质，就应该虚心学习，这样我们就能吸收到各种对自己的职业成长有益的养分，使我们避免走很多弯路，使我们不断汲取前进的知识和技能，最大限度地激发自我潜力，使我们的事业更成功。

## 西点启示

每个人都应在合适的范围内，寻找能弥补自己弱点及不足地方的老师。老师的经验及智慧是我们赶超别人、实现自我的捷径。

那么，可能有些青少年会产生疑问：该怎样与上级主动沟通呢？为此，你需要掌握以下三个原则：

1．学习欣赏上级的优点

这就需要你在沟通中找出对方的优点，显示出发自内心的赞叹，给以总结性的高度评价。欣赏使沟通变得轻松愉快，它是良性沟通不可缺少的润滑剂。

2．关心绩效

任何一个上级，都是单位利益的代表，关心绩效会体现出你对单位利益的关心，更容易赢得好感。

3．多倾听

在对方倾诉的时候，尽量不要打断对方说话，大脑思维紧紧跟着他的诉说走，要用脑而不是用耳听。

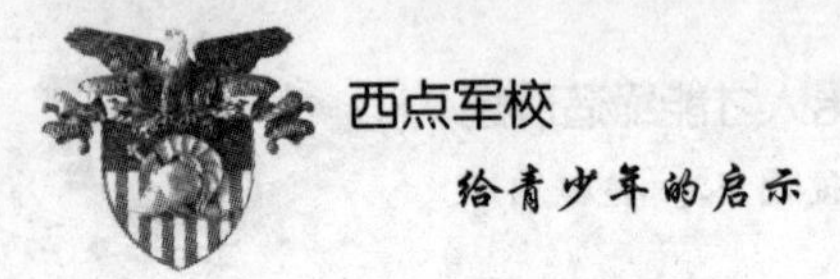



# 向他人学习，取人之长补己之短

俗话说“金无足赤，人无完人”，无论是谁，都有优点、长处，也都有缺点、短处，只有虚心向别人学习，做到取人之长补己之短，我们才会有进步。古有“三人行必有我师焉”的名言，尽管不是所有人都能做老师，但每个人身上都有值得学习的地方，因此我们应该谦虚地“向他人学习”。生活中，有这样一些青少年，在他们的眼里，谁都不如自己，目空一切。也许他们是有很多过人之处，但任何人都不是全才，如果停止了学习的脚步，就会故步自封，止步不前，甚至被社会淘汰。而只有取人之长补己之短，才能做到不断完善自己，少走很多人生的弯路。

西点33届毕业生、著名的将军威廉·谢尔曼在参加西点校庆的时候说：“我们的荣誉来自谦逊，我们看到了每个人身上的优点，去尊崇、超越，从而完善自我。”

西点的教师同时也让学生明白，做一个军事指挥官，并不是只要雄赳赳气昂昂就可以。军事将领同样可以成为博学多闻的知识分子。西点教师最常讲的一个故事，就是毕业于西点、英气盖世的巴顿将军，他在沙漠里看到隆梅尔向他的部队走过来，第一句话并不是说“隆梅尔，我要把你宰了”。他是兴奋地大叫：“隆梅尔，你这只老狐狸，我读过你的书！”

青少年们，你可能会觉得自己在某个方面比其他人强，但你更应该将自己的注意力放在他人的强项上，只有这样，你才能看到自己的肤浅和无知。谦虚会让你看到自己的短处，这种压力会促使你在事业中不断地进步。实际上，历

史上有许多杰出的人士都非常注重向别人学习。

洪堡是德国著名的探险家、自然科学家，是近代气候学、自然地理学、植物地理学和地球物理学的创始人之一，他对生物学和地质学也有很深的造诣，在科学界享有极高的声誉，被当时的人们尊为“现代科学之父”。

尽管如此，洪堡却是一个十分谦逊的人。他尊重别人，从不自满，直到晚年还刻苦学习。在柏林大学的一间教室里，每当著名的博克教授讲授希腊文学和考古学的时候，课堂里总是挤满了学生。在这些青年学生中间，人们常常会看到一位身材不高、穿着棕色长袍的老人。这位白发苍苍的老人也像别的学生一样，全神贯注地听课，认真地做着笔记。晚上，在里特教授讲授自然地理学的课堂里，也经常出现这位老者的身影。有一次，里特教授在讲一个重要地理问题时，引用了洪堡的话作为权威性的依据。这时，大家都把敬佩的目光投向这位老人。只见他站起身来，向大家微微鞠了一躬，又伏身课桌，继续写他的笔记。原来，这位老人就是洪堡。

洪堡曾说过：“伟大只不过是谦逊的别名。”他正是这样一位谦逊的伟人。越是有成就的人，越是深知谦虚学习的重要性，“梅须逊雪三分白，雪却输梅一段香。”一个人要想真有长进，不仅需要谦逊，而且还要有雅量，要放下架子，不耻相师。伟人尚且能做到如此，那么，平庸的我们呢？生活中的青少年们呢？是否也应该反省一下，找出自己的不足，然后通过学习加以弥补呢？

前世界首富也就是美国华顿公司的总裁山姆·沃尔顿，他创立了沃尔玛企业，资产已经超过了250亿美金，他的家族现在是世界上最有钱的人之一。山姆·沃尔顿以前就会不断地去考察竞争对手的店面，不断地想办法说出到底哪里做得比自己好？回去之后就问自己，以及告诉自己的员工说：那我们要做得如何比竞争对手更好？我们到底有哪些服务不周的地方需要改善？

每一个人都必须非常了解自己的优点和缺点，同时不断地改正自己的缺点，这样成功的概率就会更大。

## 西点启示

一个人的知识和本领总是非常有限的，所以，应该谦虚一些，多向别人学习。不自夸的人会赢得成功；不自负的人会不断进步。而我们不缺乏学习，而是缺少发现，这取决于我们用什么眼光、从什么角度去看待每个人。

青少年们，你该怎样有效地向他人学习呢？这要求你做到：

1．树立正确的观念

这样才能学得自觉，学得长久，提高能力素质。实践告诉我们，善借外智，才能思路开阔；善借外力，才能攀上高峰，一个国家和民族才能兴旺发达。否则，结果只能有一个：停滞不前。

2．保持谦虚谨慎的态度

“三人行，必有我师”，要善于取人之长，补己之短。不懂、不会，要不耻下问，切忌不懂装懂，掩耳盗铃，自欺欺人；待人接物要礼让谦恭，用谦虚的态度博得他人的认可，在与人交往中不断提升自己的水平。

3．要有持之以恒的精神

三天打鱼，两天晒网、见异思迁的学习是不能达到令人满意的效果的。向他人学习，必须从不自满开始，无论取得多好的成绩，也不能停止。

4．学贵在用

向他人学习，归根到底是为了提高自己。学习他人的经验，学习他人的智慧，学习他人的教训，学习他人一切可以借鉴的东西。

随着社会的不断发展，人人都在不断向前迈进。年轻人就要谦虚，学无止境，只有放下“架子”，丢掉“面子”，虚心地向他人请教，见先进就学，见好经验就学，才能不断提高，不断进步，实现自己的人生理想与追求。

# 积极与下属互动，让团队充满动力

生活中，人们总是认为，领导与员工之间、上级与下级之间似乎总是对立的，因为他们代表着不同的利益。而实际上，人们忽视的是，他们都是团队中的一员，团队工作的效率如何，不仅关系到整个团队的利益，也关系到个人的发展。而团队效益的来源，则是每个成员包括管理者的不懈努力。有经验的管理者从来不会让自己凌驾于团队之上，而是会积极与下属互动，从而激发下属的工作积极性，让整个团队充满活力。年轻一代的青少年们，假如你已经小有成就、成为某个团队的管理者，也不可孤高自傲，脱离群众，抬高自己，而应把自己当成团队中的一员，并为团队成员起到榜样作用。

西点军校有计划地培养学员在员工关系方面的种种技能。比如，与所有团体的学员们交往的技能，包括与女兵、少数民族士兵以及种种民间人士的交往；影响学员们态度和信念的技能，包括道德征服、人格引导、说服教育等；在部队中通过商讨、说教和争论有关问题；形成种种非正式准则的技能。

另外，《美国陆军军官手册》明示，每个士兵都希望确信无疑地得到自己指挥官的公平对待。最能引起士兵响应的动力是得到指挥官的信任、保护和尊重，并与他们同甘共苦，生死与共。军官绝不能在士兵中有自己偏爱的朋友或“哥们儿”，军官不得成为“老伙计”，也不得成为“老兄老弟”。如果军官深得部属拥戴那是善于管理、办事公正、知识丰富和决策明智。西点正是从这些实际需要出发，引导学员获得人际关系的技能。

军官与军官之间的关系也十分重要。陆军军官是美国公众中的典型代表，国家幸福和国防安全利益把这个由不同成分组成的群体凝聚到一起。连接军官之间的友谊纽带使军官队伍得到加强。同其他职业一样，军官中存在着竞争，但要求是健康的竞争，与人为善的，专业上互相尊重的，机会均等的竞争。军官必须成为为国效劳的榜样，并树立绝大多数青年都愿意效仿的形象。西点正是从陆军甚至美国的需要出发培养学员的。

而在中国，古往今来，由于领导的表率作用，大到教化一方风俗，取得显赫政绩；统兵作战，斩关夺隘，攻无不克；小到潜移默化，为人师表，成为垂范千古的做人楷模，可以说是比比皆是。

战国名将吴起，视卒如爱子，士兵伤口化脓，他亲自为其吮吸脓水，他的军队在作战时，战士们“战不旋踵”，百战百胜。汉代李广，在军中与士卒同甘共苦，士兵没有吃饱，他绝不进食；士兵喝不到水，他也绝不饮水，李广的军队战无不胜，匈奴闻风丧胆，誉之为飞将军。还有我们所熟知的焦裕禄、孔繁森这两位深受人民热爱的领导，更是以自己的感天动地泣鬼神的无私奉献精神，为我们树立了光辉的榜样。

人们常说的一句话叫：榜样的力量是无穷的。其实应当说当领导成为榜样时，力量才是无穷的。

不仅在西点军校，现代社会，任何一个单位和企业，好的管理者可以激发员工内心中“我们就是整个机构”的认同感，由此强化员工对团队以及对整个公司的双重忠诚。这一点，每个青少年都要加以学习，你需要让每个下属明白，整个公司不是“你”、“我”，而是“我们”。比如，这一点可以在言语上做得到，提到整个单位的时候要说“我们”，因为事实上一个公司确实是由所有成员共同组成的。沃尔玛的领导者们都是这样做的：

美国人平时很忙，购物人数有限，而一到公休日、节假日，人们便涌进购物中心。几乎让所有的沃尔玛店面都感觉人手不够，这时，沃尔玛从运营总监、财务总监、人力资源经理及各部门主管、办公室秘书，都换下笔挺的西装，投入到繁忙的商场之中，去做收银员、搬运工、上货员、迎宾员……

可以说，沃尔玛的成功，就是与其独特的管理和经营理念有关：不论你

是总裁，还是经理，繁忙时都是店员。这并不是作秀，而是让其他员工深深感觉到，每个领导，都是把自己当成普通的员工，与领导和上级的关系也就一下子拉近了很多，自然，他们也会以更加饱满的情绪投入到工作中。正是这种激情，不断推动沃尔玛的成功。

## 西点启示

要管理好一个团队，首先要管理好自己，要成为一个优秀团队的管理者，自己在各方面一定要做得最好，是团队的榜样，把自己优良的工作作风带到团队中，影响到每一位团队中的成员，要有海阔天空的胸襟，用真诚去打动每一位成员。

那么，作为管理者的青少年们，你该如何做好与下属的沟通工作呢？对此，你需要做到：

1．真诚

应当如何和下属相处，是件很需要艺术的事情，但是再多的技巧和艺术，都抵不过两个字“真诚”。下属看到的远比领导者想象中的要多，因此，领导者首先要以身作则，真诚地去跟下属相处。

2．及时有效地沟通

很多人听到“沟通”会觉得“虚”，但实际上很多环节出问题恰恰是沟通没做好。进行了沟通，不代表沟通是有效的、及时的。工作的执行，达成目标的误解，定位错误等问题都有可能是沟通没到位引起的，而这就不叫有效及时的沟通了。需要领导和下级就所沟通的信息达成一致的理解，包括信息，思想、感情、意见和态度的各方面交流；要给予及时的信息反馈；选择恰当的沟通渠道；运用一定的沟通技能并体现沟通愿望等。

3．尊重每一位下属

这要求管理者及时地对下属做出的成绩给予肯定，出现的问题进行指导。这其实也是沟通及时的一个体现。

4. 公私分明

高质量的沟通应建立在平等的基础上，即要遵循“等距离”的原则。俗话说：“领导偏心，部属寒心。”人是有社会性的，一个人一旦发现自己同他人处在不平等地位，其积极性就会受到极大压抑。

# 集思广益，让团队创出非凡之路

生活和工作中，我们经常提到“团队”一词。那团队究竟是什么？团队精神的内涵又是什么？传统的诠释就是我们常说的“集体主义”，最新的诠释就是一条工作链。大到一个民族、一个国家，小到一个组织、一个单位都是一个团队。

古人云：人心齐，泰山移。团队的核心就是共同奉献。任何一项团队工作的成功与否，都需要每个成员的共同努力。这就好比一台机器，它的运行不能缺少任何一个零件。这种共同奉献需要每一个成员把这项工作当作切实可行而又具有挑战意义的目标。若团队如同一盘散沙，何谈齐心协力，何谈成为一个强有力的集体？

每个青少年，都不可能单打独斗取得成功，这是一个合作型社会，而合作并不是“人多力量大”，而是需要每个成员不遗余力地付出。无论你是团队的管理者还是其中一员，都要将个人力量发挥到最大，集结每个人的智慧。具有团队精神的集体，可以达到个人无法独立完成的成就。

在西点的训练中，每个教官都致力于让学员真正意识到团体的力量，致力于让学员们在团队中实现个人价值。

在西点酸甜苦辣的第一年生活中，新学员只有一个共同的目标：做一个优秀的服从者，以免受到学长特别的注意，服装仪容经常被纠正，或是被罚背诵新学知识。新学员同心协力，决心打败这个共同的“敌人”。诚如新学员所说，生存的关键就在于“合作以毕业”；换句话说，有什么事大家要通风报信。例如，新学员会互相转告“每日一问”的内容，包括当天上演的电影、当日菜单、距离最近的一些活动还有多少天等。这些信息每天都会改变，新学员学会在全校的电脑网络上互通信息，节省彼此的时间和力气。如果有谁拿到菜单，把内容输入电脑网络，其他1400多名新学员就不必统统跑到餐厅去抄菜单了。这就是“合作以毕业”的具体行动。

经过几次这样的教训之后，新学员在日常活动中都会养成彼此帮忙的习惯。在团队生活中，学员体验到团结合作的好处。他们看到在团体中每一个人都会变得更有力量，而不是变得微小、依赖或默默无闻。

生活中同样如此，青少年们，你若要想集结团队的智慧，发挥团队合作的最佳效果，就要让其他成员意识到，团队中的每个人都有共同的价值观和共同的目标。西点尽力加强学员的团队精神，让他们了解共享一切的重要性。对学员而言，没有个人的行为动机，只有团队的目标。实际上，没有哪个组织能比西点军校更加强调队员自力更生的能力，也没有哪个组织比西点军校更加重视团队精神。这种表面上的矛盾很容易理解：每一位西点队员首先必须尽可能足智多谋，才能为自己的团队出谋划策——而不是依赖团队。

北京奥运会吉祥物向全世界征集作品从2004年8月5日开始，2004年12月15日，由 24名在艺术、文化领域具有杰出成就的专家学者，对662件吉祥物有效参赛作品进行了艺术评选。17日，由10名中外专家组成的推荐评选委员会，对进入推荐评选阶段的56件作品进行了审阅和评议。大熊猫、老虎、龙、孙悟空、拨浪鼓以及阿福6件作品被定为吉祥物的修改方向。在集思广益的基础上，由推荐评选委员会推荐成立的修改创作小组组长、著名艺术家韩美林执笔，最终完成了吉祥物方案的设计。

“五一”期间，韩美林根据各方提出的修改意见，对“中国娃”方案进行了进一步的修改完善，提出了以北京传统风筝“京燕”造型代替“龙”造型的修改方案。在表现手法上，重新勾画了五个福娃的形象，突出了吉祥物生动活泼的性格特质，在整体形象的艺术表现方面有了重大的突破。至此，北京奥运会吉祥物形象定位基本完成。

北京2008年奥运会吉祥物的征选就是采用了一个集思广益的方法。的确，每一个青少年，即使你是一个才华横溢的人，也都有思维的局限，也有不足点，只有善于采用借助别人的智慧，才能有效地弥补这一缺陷和不足。如果能取人之长、补己之短，而且能互惠互利，合作的双方都能从中受益。

## 西点启示

真正有智慧的人，往往都是通过别人的智慧实现自己的愿望，虽然不可能每个人都达到这一点，但每个人都可以与他人合作，携手做出更大的事业。

那么，青少年们，你该如何做到让其他成员不遗余力为团队效力呢？

1. 多赞美别人

在生活中，人人都喜欢给自己积极评价的人，也愿意同那些对自己的品性和才华及在工作中的表现给予好评的人合作。如果你经常赞美别人的德识才学、工作实绩，你就会得到许多合作者，别人会报以知遇之恩的。

2. 以帮忙者出现

因为帮忙的角色不仅显示出了你对对方的真诚关心与慷慨相助，而且维护了对方的主导地位。对方会因此真诚地欢迎你来合作，因为你的真诚换取了对方的真诚。

3. 请求对方帮忙

先请求对方帮自己一次小忙，然后表示感谢，渐渐地，对方就会心甘情愿地帮你的大忙。因为你这样做，不仅维护了他的自我形象，而且使他享受到了自己有益于人的美妙心理体验。

4. 激起对方的歉疚之情

在与人合作的过程中，要大度，不要斤斤计较得失。即使对方有对不起自己的言行，也要一切如常。以此激起对方歉疚感，从而尽力地与你合作。

# 团队要更有创造力

创造力是人类文明演进的原动力，它是一个不受自然资源束缚限制的最重要的人力资源。在知识经济时代，创造力成为一切有价值事物的基因。生活中，人们总是说，人多力量大，这里的力量，在现代社会已经演变为思维的力量。团队并不需要成员扼杀个性和创造性思维，相反，它是鼓励每个成员都开发自己的智慧，为团队效力，也就是说，团队更需要体现出创造力。

生活中的青少年们，无论你现在职位如何，出于什么样的团队之中，都要充分开发自己的大脑，为团队出谋划策，这样，在团队获得提升的同时，你的个人价值和智慧也得到了肯定和认同。

在西点，即使是最传统的“单人”活动，也被进行了修改，以促进团队合作和竞争意识。西点以前的角力棒搏击（模仿刺刀搏击）是绝对的“一对二”的比赛。来自不同排的两位选手头带橄榄球头盔，相互对峙，等哨音一响，即手持顶端有垫衬的角力棒展开搏击，直到一方被“击毙”为止。而现在，两队新学员围成内外圈，士兵不仅要知道如何为自己而战，还要保护自己的同伴。如果同伴都被“击毙”，剩下的士兵则不得不代表全队与众多的敌人作战。这样，士兵在防卫和攻击中学会了团队合作。

在军队的日常生活、对抗演习和实际战斗中，西点学员都是协同完成任务的。而这种不断变化的训练方式，也是旨在培养学员们体验变化的合作方式，有利于加强他们的创造力。

同样，优秀员工就如同优秀士兵一样，他们具有一些共同的特质，他们是

具有责任感、团队精神的典范；他们积极主动，富有创造力。任何一个企业和单位都会热忱呼唤这样的员工，他们是企业的宝贵财富，

但青少年们，可能你没想到，令人惊讶的是，几乎所有时代的心理学家们都发现成人欠缺创造力，这个现象令很多成人担心和焦虑，从而认定创造力可能是某种天赋，而非普遍具有的人的本能之一。这一点，从研究资料中显示出来，心理学家们针对45岁的年龄层进行创造力测验，结果只有5%的人被认为有创造力。接着又对20～45岁之间的成人进行创造力测验，结果竟然也只有5%的人合格。这个结果令心理学家们万分沮丧，几乎就要判定创造力是特殊人物才具有的能力。

但是，接下来的测验却令人鼓舞，因为在17岁年龄段的结果达到了10%以上，更惊讶的结果是，五岁的儿童中，具有创造力的人竟然高达90%，它表明，人们的创造力是生来就有的。只是随着年岁的增长遭到了抑制而已。有理由认为，就是在抑制状态下，人的创造力并没有彻底丧失，而是处于隐蔽状态，未曾发挥而已。

这一研究给所有处于团队中的青少年们一个启发，那就是，如果你想让你的团队开发出创造力的话，就必须抛开一切思维限制。我们再来看下面一例：

美国有一家生产牙膏的公司，产品优良，包装精美，深受广大消费者的喜爱，每年的营销额蒸蒸日上。记录显示，前10年，每年的营业额增长率为10%～20%。这令董事会兴奋万分。不过进入第11年、第12年、第13年时，营销额则停滞下来，但每月大体维持在同样的数字，董事会对此3年的业绩表现感到强烈不满，便召开经理级以上的高层会议，商讨对策。会议中，有名年轻的经理站了起来，对总裁说："我有一张纸条，纸条里有个建议，若您要采用我的建议，必须另付我5万美元。"

总裁听了很生气地说："我每个月都支付给你薪水，另有分红、奖金，现在叫你来开会讨论对策，你还另外要求5万美元，是不是太过分？""总裁先生，请别误会，您支付我的薪水，让我平时卖力为公司工作，但这是一个重大而又有价值的建议，您应该支付我额外的奖金。若我的建议行不通，您可以将它丢弃，1分钱也不必支付。但是，您损失的必定不止5万美元。”年轻的经理说。“好，我就看看它为何值这么多钱？”总裁接过那张纸条，阅毕，马上签了一张5万美元的支票给那个年轻的经理。那张纸条上只写了一句话：“将现在的牙膏开口直径扩大1毫米。”

总裁马上下令更换新的包装，试想，每天早晚，消费者多用直径扩大了1毫米的牙膏，每天牙膏的消费量多出多少倍呢？这个决定，使该公司第14个年头的营业额增加了32%。

的确，有时候，我们之所以思考不出对策，就是因为被思维限制，而一个小小的改变，往往会引起意想不到的变化。同样，团队创造力属于团队建设中一个重要的内容，一个具有创造力的团队才是有效率的，一加一大于二，但你应该让他大得更大。当你习惯于旧有的思维模式而走不出一条新路时，何不将你的脑袋打开1毫米？培养自己的创造能力，不要安于现状，试着发掘自己的潜力。一个有不凡表现的人，除了能保持与人合作以外，还需要所有人乐意与你合作。

如何保持思考创新，直接关系到一个人和一个团队的事业成败。团队中，成员之间既是合作又是竞争的，谁有创新思想，谁就会成为赢家；谁要拒绝创新，谁就会平庸！一个真正强大的团队必定是不断进取的团队！

那么，作为团队中的一员，青少年们，你该怎样在创造力上为团队贡献一份力量呢？

1．做好自己的事情

团队合作中，最起码的事情就是把自己的事情做好。团队创造力的发挥也是建立在各尽其责上的。分配给自己的任务就要按时做好。只有这样，你才能不给别人带来麻烦；也只有在这个前提下，你才能去帮助其他成员的事情，否则你就有些轻重不分了。

2．要善于总结和不断地提高

要知道团队是在发展的，所以，团队中的个人也应该不断地有所发展和提高。如果有一点能力，在发挥了相当的优势以后，你就满足了，不再去努力学习，提高自己的能力，那么，你离被团队淘汰的距离就不远了。

3．信任你的伙伴

既是团队成员，就要相信自己的伙伴，相信他们能够与你协调一致，相信他们会理解你，支持你。一个团队只有在信任的氛围中才可能有高效、有创造力地工作。如果大家相互猜忌、互不信任，那么分工就不可能，因为总有一些任务依赖于别的任务；同时猜忌的气氛让每一个人都不能全心投入到工作中去，也不利于成员们工作能力的发挥。

# 在积极的竞争中，获得更大的能力

关于团队合作，可能很多人存在误区，认为个性与竞争是团队的天敌，其实不然，每个团队成员都会有个性，这是无法也无须改变的，而团队的艺术就在于如何发掘组织成员的优缺点，根据其个性和特长合理安排工作岗位，使其达到互补的效果。团队合作也并非需要淹没成员之间的竞争，成员之间如果能积极地互相赶超的话，也有利于整个团队的进步。

作为团队一员的每个青少年，若想在市场经济这个竞争的大环境下实现自己的人生价值，就要树立竞争的意识，不断赶超团队中的优秀者，从而不断提升自己。

在西点，新学员训练营的经历，同时也是一个自我发现的过程，因为每一名新学员要应付面前的挑战，都必须尽量挖掘自己的潜质，这是培养团队意识的开端。新学员意识到，他必须首先取得个人的成功，才能对他所在的团队有所裨益；无论是对组（由3位队员组成）、对班（由4个进攻小组组成）对排（由4个班组成），还是更大的队伍来说都是如此。这就是为什么每个基本训练项目的设计都旨在提高团队活动的效率。

另外，西点的新生们都必须参加兽营军训，只有顺利通过兽营军训后，一个新生才能正式回军校上课。在兽营里摸爬滚打，吃苦受累下来，不少新军校生深感吃不了西点军校这碗饭，于是打起了退堂鼓，或者干脆因为训练没有过关而被军事教官或军训军士长们“踢”出了西点军校。西点军校的学生淘汰率，在美国大学里出名的高，有多达百分之二十几的新生熬不到毕业。每年招收一千三百多人，但每年的毕业生人数平均只有九百人左右。这么高的淘汰率只有很少的大

学能与之相比，许多名牌大学如常春藤等的淘汰率其实很低，只有百分之三到四。除了被军校开除或因身体健康原因而退学外，有些属自愿退学或转校，有些则是被勒令退学。新军校生军训后的第一年，是军校生自愿退学的一个高峰，西点人倾向尽早用高压手段来剔除那些不合格或不情愿的新生。他们认为："与其将来再淘汰这些不合格的军校生，还不如早早发现，令其上路走人。"

在西点，学员之间的竞争是残酷的，但所有学员又必须合作，合作以毕业，这看似矛盾，实则是很难但有效的管理方式。正如很多学员感叹：在这样的合作和竞争中，我看到了身边的伙伴们都在进步。

同样，生活中的青少年们，你也不要因为身处团队，就一味地随大流，在团队中不思进取，迟早会成为团队进步的绊脚石，也必将被团队抛弃。现代社会，不仅是人与人之间，团队与团队之间，甚至是企业与企业之间，都是既竞争又合作的。

微软刚创立时公司还不是很起眼，当时，美国最大的电子公司——IBM公司正在研制一种新型的个人微机，这种新型机需要配置相应的磁盘操作系统软件，美国几家软件公司紧紧注视着，想抢到这笔生意，微软也不例外。

一开始IBM并不重视微软，而当时另一家公司的CP/M系统在市场上非常有名气，可是不久之后，IBM突然致电比尔·盖茨，想与他进行商谈。比尔·盖茨知道这是一次提高公司声誉、扩展公司业务难得的好机会。于是，他先花钱买下西雅图一家小公司的86-DOS进行修改和扩充，制成一种新型操作系统软件，命名为MS-DOS。

比尔·盖茨带着这种新型软件，亲自去IBM总部联系业务，亲自操作这种软件给IBM总裁看，说明这种软件的优越之处并尽量压低自己的要价。

1981年8月12日，这是电脑行业具有划时代意义的一天，全球最大电脑生产商IBM宣布他们生产的个人电脑正式推出，而它的操作系统正是微软公司的MS-DOS。

消息一出，整个世界计算机行业为之震惊，微软公司的名声响遍了世界各地，许多公司纷纷上门洽谈生意，微软公司的业务顿时扩展了数十倍，成为美国软件业的佼佼者。

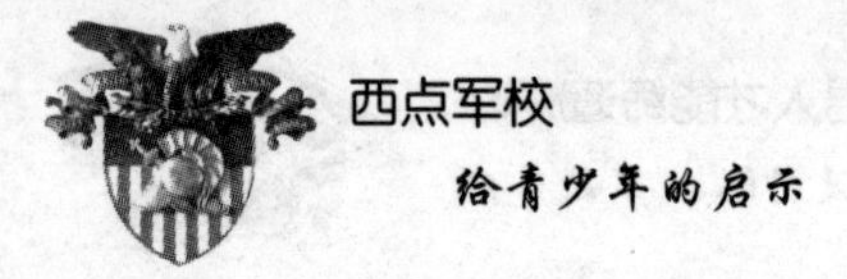


微软打败众多竞争者，与IBM合作，看上去是一次合作，但从另一个意义上来说，是微软在这个行业的一次实力提升的证明，这也就是为什么比尔·盖茨即使不能获得多少利润也努力争取合作机会的原因，因为这次合作为微软公司的未来开辟了一条光明大道。这一切，也缘于西点人的相互协作和竞争的精神。

所以，任何一个青少年，你既是团队中的一员，又是独立的自己，你也需要彰显自己的个性，在竞争中获取肯定。但你需要记住的是，这种竞争是要在维护团队利益的前提下，以积极的竞争方式为前提的。

一个团队，一个集体，对一个人的影响十分巨大。善于合作，有优秀团队意识的员工，整个团队也能带给他无穷的收益。一个个体要想在工作中快速成长，就必须依靠团队，依靠集体的力量来提升自己。

那么，青少年们，该如何让自己在团队竞争中提升自己的能力呢？

1. 向优秀者学习

三人行，必有我师。你要善于向团队中的优秀者学习，尤其是管理者和前辈，经验的学习会让你少走很多弯路。

2. 发扬自己的个性品质

高效的团队是由一群有能力的成员所组成的，他们具备实现理想目标所必需的技术和能力，而且有相互之间能够良好合作的个性品质，从而出色地完成任务。

GE公司前执行总裁杰克·韦尔奇曾经提出过一个“运动团队”的概念，其中很重要的一点就是团队的每一个成员都干着与别的成员不同的事情，团队要区别对待每一个成员，通过精心设计和相应的培训使每一个成员的个性特长能够不断地得到发展并发挥出来。作为个人，也要注意发扬自己的个性品质，这无论是对于个人，还是团队，无疑都有积极的作用。

# 千万不要“三个和尚没水喝”

中国人常说：一个和尚挑水喝，两个和尚抬水喝，三个和尚没水喝。本来人多力量大，应该更容易喝到水，但是人多了反而没水喝了。这是为什么？因为三个和尚属同一种心态，同一种思想境界，都不想出力，想依赖别人，在取水的问题上互相推诿。结果谁也不去取水，以致大家都没水喝。这就说到了责任明确的问题。一个人反而什么都干，人多了就推诿扯皮，反而不办事。其实，三个和尚也可有水喝，只要稍加组织，订立轮流取水的制度，责任落实到人，违者重罚，这样就有水喝了.

举个很简单的例子，在家庭这个小团体中，我们都知道“鸡多了不下蛋，媳妇多了婆婆做饭”，这就是推诿的结果，家里的活该谁做的谁也不去做，就等着婆婆一个人去做。要是反过来说呢，一家只有一个媳妇，一日三餐，到什么时候，她不做也得做，因为她没法逃避，这就是她的责任，她要是不干就没有饭吃了。

很明显的道理，这种责任的推诿是造成团队合作失败的重要原因。每个青少年，你若想在自己的岗位上发挥自己的价值，为团队贡献一份力量，就一定要明确自己的责任与义务。一旦任务分配到手，就要坚决执行，而不需要任何借口。这也是西点学员们的行事准则。

在西点，为了培养学员们对团队的责任感，教官有意识的与学员处于“敌对”状态，增加军校的紧张，令学员更加团结。另外，学员都必须记住：一人犯错众人担——军队是一个整体，一个人犯错，也会导致整个军事行动失败，

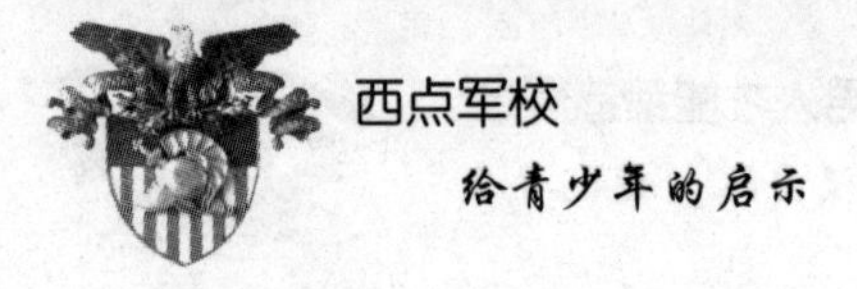



所以经常是一个人犯错，全小队一起受罚。

而在现实工作和生活中，我们通常看到很多公司和企业有这样的现象："部门多了瞎扯皮，头头多了事情难办"，要是说发奖金，发实物那可是人人有份，可是到了该负责任的时候，你推我我推你。这些现象在年轻人中间也不少出现，他们信奉"会叫的孩子有奶吃"而争相抢功，甚至达到相互赌气的状态，致使团队力量一泻千里。其实会叫的孩子有奶吃固然没错，但是安静的孩子往往更能得到慈母的疼惜，在团队中个人发挥的作用，管理者自然一目了然。而团队的成功来自于精诚合作和团结友爱，无畏的争执只会削弱团队的凝聚力，使各方俱败。

我们知道，《西游记》中的唐僧师徒也是几个和尚，他们这个团队组合不能算是一个合格的团队：其团队成员要么个性鲜明，优点或缺点过于突出，实在难以管理；要么缺乏主见，默默无闻，实在过于平庸。但就是这么一群对团队精神一窍不通的"乌合之众"，"个性"突出的典型人物组合在一起，克服了常人难以想象的种种困难，最终完成任务取回了真经！而细细看来，他们取经的成功，就在于每个人责任的明确。比如，

孙悟空是一个不稳定因素：虽然能力高超，交际广阔，嫉恶如仇，但桀骜不驯，喜欢单打独斗。最重要的一点是他对团队成员有着难以割舍的深厚感情，同时有一颗不屈不挠的心，为达成取经的目标愿意付出任何代价。

也许很少有人会意识到，猪八戒对于团队内部承上启下起着非常重要的作用，他的个性随和健谈，是唐僧和孙悟空这对固执师徒之间最好的"润滑剂"和沟通桥梁，虽然好吃懒做的性格经常使他成为挨骂的对象，但他从不会因此心怀怨恨。

至于沙僧，每个团队都不能缺少这类员工，脏活累活全包，并且任劳任怨，还从不争功，是领导的忠实追随者，起着保持团队稳定的基石作用。

这样一个性格、能力参差不齐的团队却能完成一个巨大的任务，给生活中那些团队工作失败的青少年们一个启示：团队中的任何一个人，只有自觉做好本职工作，才会为团队带来效率。

团队中的任何一个人，都要有把团队目标当成自己的目标，并细化到具体工作中，都要为自己的工作负责，因为团体所追求的目标不仅对每一个成员很重要，同时对整个团队也很重要。

那么，处于团队中的你，该如何发挥自己在团队中的一份作用呢？

1．淡化个人利益

很多团队成员因为过于关心自己的利益而导致了互相竞争，以争取奖金或晋升。这种竞争不仅导致他们之间的忠诚有所冲突，同时也是鼓励个人的表现而非团队的表现。因此，作为团队中的你，要以身作则，把团队利益放在首位。

2．分享团队成功带来的喜悦

无论是管理者还是团队成员，都要分享整体的成功，如果团队的每个成员都能做到这样，那么，整个团队的向心力也会在无形中加强。

3．与其他成员加强沟通

这不仅需要管理者建立起开放的沟通渠道，也需要每个成员积极主动地沟通，这样，就能创造出和谐的工作环境，成员彼此之间会乐于互相帮助，反映出团结、忠诚。同样地，沟通可以让成员公开坦诚地解决内部的冲突，找出冲突的原因。

# 不去计较小利益，才能获得大收益

自古以来，一些人奉行 “人不为己天诛地灭” 的行事原则，一旦个人利益与集体或者团队利益产生冲突时，会毫不犹豫地选择个人利益。而我们发现，这样的人，终将没有什么成就。年轻一代的青少年们，可能你也会认为团队利益与个人利益是冲突的，其实不然，个人利益和团队利益从根本上说是一致的。一方面，个人利益是团队利益的基础，没个人利益的实现，就没有团队利益的充分发展；另一方面，个人利益又依赖于团队利益，团体利益是满足个人利益的保障和前提，是个人利益的集中表现。任何员工个人或员工群体的利益，都不能超越组织整体的利益。因此，你只有不计较个人利益，才能换来更大的收益。

所谓的团队，就是为实现一个共同的目标，由两个或两个以上的人组成集体。所有成功、高绩效的团队都有共同的目标、责任，相互沟通、相互鼓励、共同学习、共同探索。团队利益高于个人利益，也就是说：“锅里有了碗里才有。” 因此，要看一个团队是否有凝聚力、合作精神，首先要看团队成员是否把团队利益看得高于个人利益。

青少年们敬仰的西点人正是认识到这一点，才有这样两条人生信条：“需要的是一种牺牲精神，不能过多地考虑个人利益，只要明白自己努力进步，晋升就是必然的”；“不要问国家给了你什么，问问你自己，你给了国家什么。”

在中国的传统文化里面，也很强调个人利益要服从于集体利益。而很多年

轻人，正在陆续步入社会，踏上各种各样的工作岗位。这一代人无论是所受的教育还是所处的成长环境，都跟前几代人截然不同。他们追求个性，追求自我的表现，不会为了团队利益而固守某个岗位不变，他们坚信应该为了自己的职业生涯而奋斗，而不是为了团队的利益而奋斗。为此，他们敢于频繁跳槽，而不会在意自己的行为是不是对“团队利益”造成了损害。而实际上，这样的价值观是不可取的。

诚然，人都有惰性，每个人都希望少干活多拿钱，而站在团队管理者的角度，又希望员工多干活少拿钱。这就是矛盾，矛盾的结果不一定就是冲突，也可能是均衡。而关键是看我们怎么去对待这个矛盾，处理得好，双方会为了各自的利益而互相妥协，妥协的结果就是合作：员工付出劳动，得到合理的报酬；公司支付员工报酬，得到员工的劳动成果。也就说，如果我们能不计较小利益，以团队利益为重，可能带来的就是团队给予的更大的回报。

马云在2009年的一封发给全公司员工的邮件中称：“奖金的作用是根据公司整体业绩来肯定和鼓励那些在职位上有出色表现的人。奖金不是福利，不是每个人都理所当然获得的，而是靠努力才能获得的！分配上，我们坚决不搞平均主义，平均主义是对辛勤付出且绩效优秀同事的不公平！”

多劳就应该多得，贡献越大，回报也应该越大。这就是市场经济带来的分配制度。当然，作为团队中的一员，如果我们只付出而得不到回报，也会产生一些负面情绪，而给团队带来不稳定因素。当然，这一现象也并不多见。

## 西点启示

具备全力以赴的执行态度，无条件地实现小我服从大我、个人利益服从团体利益的精神，就是追求卓越的一种体现。

然而这一点并非所有人都能做得到。那么，青少年们，该怎么样做到把团队利益摆在第一位呢？

1. 理解管理者的做法

这就需要你积极主动地与领导者沟通，配合领导者做好公司的日常管理工作。这里所指的领导者是从日常的业务工作中分离出来，从事团队内部计划、组织、协调、指导工作的专业人员。

2. 团结其他成员一起为团队利益奋斗

一个团结的团队才会有战斗力，在这个团队里，团队成员才能有愉悦快慰的心情去为达 到组织目标而奋斗。每个人都希望在这样的团队里工作。我们经常说："对事不对人。"但是否能做到这点呢？只有良好的沟通，才能做到。

3. 尽量用"双赢"的沟通方式去处理利益矛盾问题

综上所述：从个人和团体角度来说，就是个人必须对团队忠诚，服务、服从于团队，工作无小事，即使再细微的工作，都要从态度上高度重视，从行动上认真完成。团队的利益最重要，当个人利益与团队利益发生冲突时，应该把团队利益摆在首位。在工作中发扬开拓、发展、进取的拓展主义道德精神，积极发挥个人的主观能动性，将工作的事情落实到位。

在一个企业里面，个人利益与集体利益之间的矛盾永远都是存在的。

# 第9章

## 重视细节，缜密心细，做事才能高效无憾

——像西点军人一样敏锐谨慎，酝酿成功

# 点滴的细节孕育出巨大的成功

有人说："好习惯成就好人生！"如果把人生比作金字塔，构成金字塔的恰恰是每件小事及做事的细节，而这就是习惯。老子曾说："天下难事，必做于易；天下大事，必做于细。"它精辟地指出了想成就一番事业，必须从简单的事情做起，从细微之处入手。一心渴望伟大、追求伟大，伟大却了无踪影；甘于平淡，认真做好每个细节，伟大却不期而至。这也证明了点滴的细节孕育出了巨大的成功这一道理。也就是说，年轻一代的青少年们，要想拥有幸福人生，就得从小事做起，从细节着手，关注生活中的每个细节。认真做事只是把事情做对，用心做事才能把事情做好，在这个细节制胜的时代，任何一件事都是做出来而不是喊出来的，特别是在工作岗位上的员工更要把小事做细。

西点前校长潘莫将军就说过："细枝末节最伤脑筋。"他的意思是说，即使是最聪明的人设计出来的最伟大的计划，执行的时候还是必须从小处着手，整个计划的成败就取决于这些细节。所谓细节，就是日常生活中的小事情。关注细节，就是留意身边的小事情，积极对待身边的小事情。这样，我们才能够抓住瞬间即逝的机会，实现人生的突破。

一切的成功者都是从小事做起，无数的细节就能改变生活。成功者之所以成功，在于他们不因为自己所做的是小事而有所懈怠。如果你要问谁是这个世界上最富有的人？是比尔·盖茨吗？不！不是，而是罗伯森·沃尔顿先生。

20世纪60年代，在美国兴起了众多的零售商店，经过40多年的摸爬滚打，沃尔玛从美国中部阿肯色州的本顿维尔小城崛起，到目前为止，沃尔玛商店总

数达到4000多家，年收入2400多亿美元，列全球500强首位，创造了一个又一个神话。沃尔玛几十年来蒸蒸日上，而且不断扩张。在全球经济不景气的情况下，沃尔玛仍然以良好的速度增长，仅仅在中国，它就计划到2005年开100家店。沃尔玛成功的秘密就在于它注重细节，从细节中取胜。比如，每个沃尔玛人都必须做到以下三点：

"视纸如命"：有一天，沃尔玛总裁山姆·沃尔顿在一家店面巡视，看到一位店员正在给顾客包装商品，随手把多余的半张包装纸、长出来的绳子扔掉了。山姆·沃尔顿微笑着说："小伙子，我们卖的货是不赚钱的，只是赚这一点节约下来的纸张和绳子钱。"另外，沃尔玛从来没有用专业的复印纸，都是废报告纸背面；除非重要文件，沃尔玛从来不用专门打印纸；沃尔玛的工作记录本，都是用废报告纸裁成的。

不论你是总裁，还是经理，繁忙时都是店员：美国人平时很忙，购物人数有限，而一到公休日、节假日，人们便涌进购物中心。这时，几乎所有的沃尔玛店面都感觉人手不够，这时，沃尔玛从运营总监、财务总监、人力资源经理及各部门主管、办公室秘书，都换下笔挺的西装，投入到繁忙的商场之中，去做收银员、搬运工、上货员、迎宾员……

注意顾客需要的细节：沃尔玛开业之初不在任何一个超过5000人的城镇上设店，保障其以绝对优势成为小城镇零售业的支配者。沃尔玛创始人山姆·沃尔顿说："我们尽可能地在距离库房近一些的地方开店，然后，我们就会把那一地区的地图填满；一个州接着一个州，一个县接着一个县，直到我们使那个市场饱和。"从20世纪80年代末到90年代初，沃尔玛开始进军城市市场。

沃尔玛的成功，我们可以归结为两个字：细节。而我们身边有很多人，不屑于做具体的事。殊不知能把自己所在岗位的每一件事做成功，做到位就很不简单了。不要以为董事长比普通职员好当。有其职就有其责，有其责就有其忧。如果力不及所负，才不及所任，必然祸及己身，导致混乱。所以，重要的是做好眼前的每一件小事。所谓成功，就是在平凡中做到不平凡的坚持。

青少年们，如果你想使自己达到卓越的境界，那么你今天就可以达到。不过你得从这一刻开始，摒弃对小事无所谓的恶习才行。事实上，会利用机会的人，往往不是那些把机会奉为神明的人，他们从没把希望寄托在机遇上，他们知道，大事业是从小处开始的，他们明白，一砖一木垒起来的楼房才有基础，一步一个脚印才能走出一条成功的道路。

## 西点启示

塑造自我的关键是甘做小事，不能一蹴而就，是一个循序渐进的过程。成功是由一个个小目标，一次次小进步累积而成的。一个人要有伟大的成就，必须天天有些小成就。

要做好点滴的积累，青少年们，你需要明确以下几点：

1. 相信自己，正视开端

任何大的成功，都是从小事一点一滴累积而来的。没有做不到的事，只有不肯做的人。想想你曾经历过的失败，当时的你真的用尽全力试过各种办法了吗？困难不会是成功的障碍，只有你自己才可能是最大的绊脚石。

2. 扎实的基础是成功的法宝

很多青少年不满意现在的工作，羡慕明星、大款或者成功人士，不安心本职工作，总是想跳槽。其实，没有过硬的本领，就不应有这些妄想。我们还是多向成功之人学习，脚踏实地，做好基础工作，一步一个脚印地走上成功之途。

3. 实干才能脱颖而出

那些充满乐观精神、积极向上的人，总有一股使不完的劲，神情专注，心情愉快，并且主动找事做，在实干中实现自己的理想。

4. 不为薪水而工作

想要获得成功，实现人生目标，就不要为薪水而工作。当一个人积极进取，尽心尽力时，他就能实现更高的人生价值。

5. 用心做事，尽职尽责

以积极主动的心态对待你的工作、你的公司，你就会充满活力与创造性的完成工作，你就会成为一个值得信赖的人，一个老板乐于雇用的人，一个拥有自己事业的人。

6. 对待小事也要倾注全部热情

倾注全部热情对待每件小事，不去计较它是多么的“微不足道”，你就会发现，原来每天平凡的生活竟是如此的充实、美好。

# 从细节着手，让成功更扎实

古今成大事者，没有人生来就是伟大和成功的。不论多么远大的理想，都需要一步步实现；不论多么浩大的工程，都需要一砖一瓦垒起来。平庸和杰出的差距就在一些细节中。这是一个细节制胜的时代，每个青少年，无论你现在从事什么，要想成功，就要把握现在，对于自己的工作无论大小，都要了解得非常透彻，数据应该非常准确，事实也应该非常清楚，这样才能脚踏实地实现宏伟的目标。

诚然，世上不可能有真正的完美，但无论企业也好，人也好，都应该有一个追求完美的心态，并将其作为生活习惯。无论你有怎样辉煌的目标，如果在每一个环节连接上，每一个细节处理上不能够到位，都会被搁浅，而导致最终的失败。而生活中，一些青少年，虽然有远大的目标，但在具体实施时，由于缺乏对完美的执着追求，事事以为“差不多”便可，结果是：由于执行的偏差，导致许多“差不多的计划”到最后一个环节已经变得面目全非。

西点军人是很多年轻人崇拜和敬仰的对象，但任何一个西点人的成功，也都是从点滴的努力开始做起的。西点致力于提供学员正确的经验和训练，培养他们成为堂堂正正的人。

从入学的第一天起，学员就会发现他们淹没在一个经验的大熔炉里，学校里的活动丰富而复杂，步调紧凑快捷，刚开始甚至连思考的时间都没有。但是这一切的活动和经历，4年课程中的一点一滴，都是为了教导学员如何去管理。西点的宗旨是挑选出一批优秀的青年，通过这样的教育赋予他们管理他人的能力。

西点精英训练营有一套强有力的课程，涵盖了管理才能的方方面面。这套教学体系严格而完备，能够锻炼学员的身体、知识和心灵。这样的管理教育，

在任何时代都是无法磨灭的。

“给我任何一个人，只要不是精神病人，我都能把他训练成一个优秀的人才。”西点前校长潘莫将军如是说。西点相信，并不是只有少数人天生具有管理的特质，而是每个学员都具有成为优秀者的潜力。西点军校精英训练营因始终不渝地坚信每一个学员都能成为优秀的管理者，才为此而躬行不辍。

每个青少年都有个远大的理想，但如果你想要实现它，就应当像西点学员那样，无时无刻地不使自己处于一种思考和锻炼之中。

有一位伟大的哲学家叫苏格拉底，许多人都慕名来向他学习，都希望能成为像他一样的大哲学家。

有一次，学生问：“老师，我们怎样才能成为像您一样的大哲学家呢？”苏格拉底说：“很简单，只要每天甩手300下就可以了。”有的学生说：“老师，这太简单了，别说是甩手300下了，就是3000下、30000下也可以啊！”苏格拉底笑了笑没有说话。

一个月过去了，苏格拉底问：“有多少同学每天坚持甩手300下啊？”很多学生都骄傲地举起了手，大概有90%的人坚持着。又一个月过去了，苏格拉底又问：“还有多少同学在坚持啊？”这回只有80%的人举起了手。就这样一个月一个月地过去了，一年以后，苏格拉底又问：“还有同学在坚持每天甩手300下吗？”很多同学都你看我我看你，只有一个同学举起了手，他的名字叫柏拉图，他后来也成了像苏格拉底一样的大哲学家。有人问他成功的秘诀是什么，柏拉图微笑着说：“甩手，而且甩得足够久……”

这个故事告诉我们，要想成就一番大事一定要从小事做起，没有人生下来就是伟大的人。每天坚持做同一件小事也很不容易，就像每天甩手300下，一个月大部分人能坚持，一年过去了却只有一个人能坚持。只有学习柏拉图这种坚持不懈的精神，才能成为像他和苏格拉底一样做成大事的人。那种大事干不了、小事又不愿干的心理是要不得的。小到个人，大到一个国家，它们的成功发展，正是来源于平凡工作的积累。没有人可以一步登天，当你认真对待每一件小事，你会发现自己的人生之路越来越广，成功的机遇也会接踵而来。

西点人认为，将任何有意义的事情做好，是你成功的预示。因为你比别人付出多，你在实际工作中也比别人想得更周到。成功绝非朝夕之功，凡事必须从小事做起。那么，青少年们，抛弃所有的借口。记住：你不会一步登天，但你可以逐渐达到目标，一步又一步，一天又一天。别以为自己的步伐太小，无足轻重，重要的是每一步都踏得稳。

## 西点启示

成功者之所以成功，在于他们不因为自己所做的是小事而有所倦怠。从一粒沙里，可以看到一个世界！只要将每一件事情，哪怕是再小的事情做好，我们终将获得整个世界，所有的成功与荣誉都会随之而来。

这也是西点精神——细节决定成败带给青少年们的启示。

那么，青少年们，在追求成功的过程中，该做好哪些方面的积累呢？

1. 积累自信

要想成为一个优秀者，首先必须自信，这是成就事业的基础。只有自信，你才能拥有比较阳光的心态；只有自信，你的思维才能较为敏捷。

2. 随时迎接机遇

机遇只会青睐有准备的头脑，这就要求你必须完善自身素质。从一定意义上来说，在做好积累与把握宏观上，是没有冲突的。所以，你必须具有远大的眼光和前景预测能力，鼠目寸光的人是成功不了的。你必须博览知识，因为这个世界本来就处于联系之中，不要把自己孤立起来，广泛的知识有助于你客观而周到地分析、决策问题。

3. 积累智慧

一切智慧的拥有，无非是在这个基础上更加努力地思考而已。可以说，做事情就是做细节，任何细微的东西都可能成为“成大事”或者“乱大谋”的决定性因素。

的确，没有人生来就是伟大的，没有人可以不做小事就直接做大事，就像走路，每一小步看起来是那么不起眼，但走得久了，你会发现自己居然走过那么长的路！那么，你还等什么呢？从现在就开始，从小事做起，坚持一步一个脚印，最后成功一定会属于你！

# 缜密行事，步步为营

古人云：“凡事预则立，不预则废。”大到国家，小到个人，做事时候都必须要有计划性，只有做到缜密行事、步步为营，才能让成功多一份胜算。大凡要把一件事情做好，一般要经历资料收集、深入调查、分析研究、最终下结论这样一个过程。但生活中，年轻一代的青少年们，却始终改不了毛糙的毛病，在面临一项工作时，有的人思路紊乱，东拉西扯，始终是稀里糊涂；有的人喜欢走捷径，工作漂浮；有的人照抄照搬，没有分析。结果只能是事情做不到尽善尽美。而长此以往，也就形成了一些不良的行事习惯，成功更加遥遥无期。

相反，每个成功的西点人，则致力于在细节上做到滴水不漏。著名西点学子格兰特将军曾经这样说：“避免一切微小的失误，就能减少巨大的意外挫折。”士兵必须作战，带兵的军官则必须确保士兵的性命不会白白牺牲。布莱德雷将军曾说：“第二次世界大战期间，我们抵达莱茵河的时候，我并不见得知道怎么建造桥梁，但是我知道相关的事情有哪些，我让筑桥的工兵能有足够的时间和补给，这一点是非常有帮助的。”

可能很多青少年认为，工作中出现的一些小问题，怎么会影响到大局呢？的确，只是一些细节、小事上做得不完全到位，但恰恰是这些细节的不到位，又常常会造成较大影响。对很多事情来说，执行上的一点点差距，往往会导致结果上出现很大的偏差。很多执行者工作没有做到位，甚至相当一部分人做到了99%，就差1%，但就是这点细微的区别使他们在事业上很难取得突破和成功。

曾经，有位管理专家一针见血地指出，从手中溜走1%的不合格，到用户手中就是100%的不合格。为此，员工要自觉地由被动管理到主动工作，让规章制度成为每个职工的自觉行为，把事故苗头消灭在萌芽之中。也曾有位商界名家将“做事没有条理”列为许多公司失败的一大重要原因。

没有条理、做事没有秩序的人，无论从事哪一种事业都没有功效可言。而有条理、有秩序的人即使才能平庸，他的事业往往会有相当的成就。

每一个青少年心中，都有一个伟大的梦想，但成功并不是一蹴而就的，没有人能随随便便成功，这就要求你形成作风严谨的工作作风。工作没有条理，同时又想把蛋糕做大，这是不可能的。只有步步为营、严谨行事，才能使工作更有条理、更有效率。由于你处事不得当、工作没有计划、缺乏条理，因而浪费了精力后还是无所成就。

拿破仑是一位传奇人物，这位军事天才一生之中都在征战，曾多次创造以少胜多的著名战例，至今仍被各国军校奉为经典教例。然而，1812年的一场失败却改变了他的命运，从此法兰西第一帝国一蹶不振，逐渐走向衰亡。

1812年5月9日，在欧洲大陆上取得了一系列辉煌胜利的拿破仑离开巴黎，率领浩浩荡荡的60万大军远征俄罗斯。法军凭借先进的战法、猛烈的炮火长驱直入，在短短的几个月内直捣莫斯科城。然而，当法国人入城之后，市中心燃起了熊熊大火，莫斯科城的四分之一被烧毁，6000多幢房屋化为灰烬。俄国沙皇亚历山大采取了坚壁清野的措施，使远离本土的法军陷入粮荒之中，大批军马死亡，许多大炮因无马匹驮运不得不毁弃。几周后，寒冷的天气给拿破仑大军带来了致命的诅咒。在饥寒交迫下，1812年冬天，拿破仑大军被迫从莫斯科撤退，沿途大批士兵被活活冻死，到12月初，60万拿破仑大军只剩下了不到1万人。

关于这场战役失败的原因众说纷纭，但谁又能想到竟是小小的军装纽扣起着关键的作用呢。原来拿破仑征俄大军的制服，采用的都是锡制纽扣，而在寒冷的气候中，锡制纽扣会发生化学变化成为粉末。由于衣服上没有了纽扣，数

十万拿破仑大军在寒风暴雪中形同敞胸露怀，许多人被活活冻死，还有一些人得病而死。

拿破仑的失败，正验证了人们说的“成也细节，败也细节”。细节就好比是精密仪器上的一个细微的零部件，虽然只是一个细小的组成部分，但是却起着重要的作用，一旦这个“零部件”出错，那就意味着全盘皆输。

## 西点启示

生命中的大事皆由小事累积而成，没有小事的累积，也就成就不了大事。人们只有了解了这一点，才会开始关注那些以往认为无关紧要的小事，开始培养自己做事一丝不苟的美德，力争成为深具影响力的人。

这一启示告诉青少年们，要想走好成功路上的每一步路，你需要做到：

1．制订完善的计划和标准

要想把事情做到最好，你心中必须有一个很高的标准，不能是一般的标准。在决定事情之前，要进行周密的调查论证，广泛征求意见，尽量把可能发生的情况考虑进去，尽可能避免出现1%的漏洞，直至达到预期效果。

2．做事要有条理有秩序，不可急躁

急躁是年轻人的通病，但任何一件事，从计划到实现的阶段，总有一段所谓时间的存在，也就是需要一些时间让它自然成熟的意思。假如过于急躁而不愿等待的话，经常会遭到破坏性的阻碍。因此，无论如何，我们都要有耐心，压抑那股焦急不安的情绪，才不愧是真正的智者。

# 忽略细节导致功亏一篑

中国古代有这样一个故事：

临近黄河岸边有一片村庄，为了防止水患，农民们筑起了巍峨的长堤。一天，有个老农偶尔发现蚂蚁窝一下子猛增了许多。老农心想：这些蚂蚁窝究竟会不会影响长堤的安全呢？他要回村去报告，路上遇见了他的儿子。老农的儿子听后不以为然地说：那么坚固的长堤，还害怕几只小小蚂蚁吗？随即拉着老农一起下田了。当天晚上风雨交加，黄河水暴涨。咆哮的河水从蚂蚁窝开始渗透，继而喷射，终于冲决长堤，淹没了沿岸的大片村庄和田野。

这就是“千里之堤，溃于蚁穴”这句成语的来历。在我们的工作和实践中，也常常出现因为忽略一些细节问题而导致“满盘皆输”的后果。这给所有做事不严谨的青少年们敲响了警钟：忽略细节容易导致功亏一篑。当然，做好生活中的每一件小事也并不容易。

西点军校的一位军官曾对他的学员这样说过：“把每一件简单的事做好就是不简单，把每一件平凡的事做好就是不平凡！”西点人相信，一个不注重细节的人，在战场上是不可能有冷静的头脑及过人的分析的，粗心大意和鲁莽行事都是军人的大忌。所以西点严格要求每一个学员将自己身边的每一件小事都要做好。

的确，可能很多青少年认为，我只不过是单位的一个员工而已，做重大决策是领导的事，何必那么认真？诚然，领导的决策至关重要，但任何一件大事，具体落实到每个员工头上就是一件件小事，千万不能忽略这些小事，一件

小事的失误，可能直接影响到公司的发展，也影响到员工的生存和发展。可能青少年们会认为“千里之堤，毁于蚁穴”只不过是一句防微杜渐的警世箴言而已，但现实生活中确实存在这样的事例。

有着百年辉煌历史的爱立信与诺基亚、摩托罗拉并世称雄于世界移动通信业。但自1998年开始的3年里，当世界蜂窝电话业务高速增长时，爱立信的蜂窝电话市场份额却从18%迅速降至5%，即使在中国这个它从未想放弃的市场，其份额也从1/3左右迅速地滑到了2%！爱立信在中国的市场销售额从销售头把交椅跌不断落，不但退出了销售三甲，而且还排在了新军三星、菲利浦之后。在中国这样一个快速成长的市场上，国际上很多濒危的企业一到这个市场就能起死回生、生龙活虎，但爱立信却在这块风水宝地上失去了它往日的辉煌。

2001年，在中国手机市场上，大家去买手机时，都在说爱立信如何如何不好。当时，一款叫作“T28”的手机存在质量问题，这本来就是一种错误，但由于对这种错误的漠视，使它犯了更大的错误。“我的爱立信手机的送话器坏了，送到爱立信的维修部门，很长时间都没有解决问题；最后，他们告诉我是主板坏了，要花700块钱换主板。而我在个体维修部那里，只花25元就解决了问题。”这位消费者确切地说出了爱立信存在的问题。那时，几乎所有媒体都注意到了“T28”的问题，只有爱立信自己没有注意到，一再地辩解自己的手机没有问题，是一些别有用心的人在背后捣鬼。然而，市场不会去探究事情的真相，也不给爱立信以“申冤”的机会，无情地疏远了它。

质量和服务中的细节缺陷，使爱立信输掉了它从未想放弃的中国市场。正如克劳斯比所言：“一个由数以百万计的个人行动所构成的公司经不起其中1%或2%的行动偏离正轨。”“伟大源自于平凡。”只要坚持做好每一件小事，一样能够创造出伟大的业绩。相反，忽视任何一个细节都可能使得你功亏一篑。

托尔斯泰曾说过：“一个人的价值不是以数量而是以他的深度来衡量的，成功者的共同特点，就是能做小事情，能够抓住生活中的一些细节。忽略细节，就可能会导致功亏一篑。”老子曾经说过：“天下难事，必做于易；天下大事，必做于细。”它精辟地指出了要想成就一番大事业，必须从简单的事情做起，从细微之处入手。

因此，青少年们，如果你想减少失败出现的可能，增加成功的砝码，就要关注细节，关注一点一滴，真正做到“平时能看出来，关键时能站出来”。

## 西点启示

我们不甘于庸庸碌碌，不情愿平平凡凡了此一生，这无可厚非。然而，我们不知道的是，所有的大事，都是由一些小事做得完美的人做成的，而小事做不好的人，每一件小事都成了他的大事。

为了做到防微杜渐，你需要做到：

1. 善于规避事业风险

冒险，还要“险中求稳”，不冒过度的风险，也就是每走一步先留退路，将风险降到最低水平。要擅长趋利避害，扬长避短。经营什么产品，选择什么市场，都要细心掂量，发挥自己的优势。做应当做的，做可以做的，不该做的尽量不做，也就是“有所为，有所不为”。

2. 做好周密而充足的准备

有备才能无患。做任何事情之前都要有所准备。凡是事前做准备的，就不会陷进窘境。仓促行事就会出现种种错误，或者被人有机可乘。不要等到面临困难时才运用理智，而要应用理智来猜测尚未降临的困难。有心人不打无预备之仗，不做无筹备之事。

# 成大事者必拘小节

何为成大事者？通常意义上说，成大事者，就是以国家为重、江山社稷为重或以民族利益为重的人，或者应该是为百姓谋福利，为社会做贡献的那些人。抑或是在事业上有一番成就的人。但这里的成大事，并不是说要脱离生活实际，一门心思钻研怎么“高瞻远瞩”，而是要从细节入手，做好点滴的积累。但奇怪的是，我们的生活中，不乏以“成大事者不拘小节”自居的人，他们生活中不注意细节、分寸，做事随便马虎、应付了事，但很明显，他们最终不但成不了大事，连小事也没有做好。

为成功奋斗的青少年们，一定要摒弃“成大事者不拘小节”的狭隘观念，我们常说“一屋不扫，何以扫天下”，古之成大事者，不唯有超世之才，亦必有坚忍不拔之志。用心去做，小事能做成大事，随便去做，大事会变成小事。

出身于西点的将军史迪威曾说：“生活中的一个现实就是，我们不可能事事都做得十全十美，我们必须将手上的资源做最好的运用，以完成我们认为最重要的事情。”如果说西点军校是座工厂，那么，其产品就是管理者。200多年来，它已成为全美最有效的高级管理人才开发学院。如果说哈佛商学院是“商业的西点”，那么，说到管理，西点才是正宗产地。当然，这座管理工厂是向军队输送人才。作为对免费高等教育的回报，毕业生被要求至少在陆军服务5年。此后，很多人转入政府、教育等部门，尤其是进入商界——这是他们大展身手的地方。“这些西点学员到处可见。”杰夫·钱皮恩说，他是1972年西点毕业生，现为Korn Ferry公司合伙人。

小事成就大事，细节成就完美。在小事上认真的人，做大事一定成绩卓越。因为细节最能体现一个人的智慧和美德。完美的细节代表着永不懈怠的处世风格，也是一个人追求成功的资本。而如果小事做不好，很有可能会耽误大事。一些根本就不起眼的小节，很有可能就是你成就大事的绊脚石。一心渴望伟大、追求伟大，伟大却了无踪影；甘于平淡，认认真真地做好每个小节，伟大往往会不期而至。

刘备在给阿斗的遗言中说："勿以善小而不为，勿以恶小而为之。"成大事者要有原则，违反原则的即使是小节也要拘。有人把"不拘小节"当成自身开脱的"万金油"，只要出现失去，就把错误归咎于"不拘小节"。

在《细节决定成败》这本书中，有这样一个例子：

强生公司的泰乐诺胶囊是一种止痛药，当年就销售43.5亿美元，占强生公司总销售的7%，占总利润的17%，在次年9月末的一天，一位叫亚当·杰努斯的患者服了一粒后死亡，另一对服了泰乐诺的夫妇，也在两天后死掉。不久，强生公司在止痛药市场上的份额从35.5%下跌到不足7%，公司面对巨大危机，公司领导人当机立断：调查并澄清事实，评估并制止事件的影响，使泰乐诺重振雄风，就这样，局势转危为安。

另外，有一篇这样的报道：一个十分有才能、政治目标很远大的美国青年，他从普通员工一下子升到主任，又升为经理，还升为董事长，当时只有35岁，凭他的才能被推荐参选国会议员。大家都认为他必定成功之时，他却在参选会上的讲话后没有鞠躬，而大家都认为这非常重要，尽管在参选会上的演讲十分精彩，如龙飞凤舞般。但只是一个小小的鞠躬，却导致了他的最后失败。

而相反，有一位平凡的应聘者却因为叫出了学生的名字而成功被录用：

某学校招聘教师，要通过试讲从几名应聘者中选出一名。几位应试者都做了精心的准备。

铃声响了，一个个试讲者陆续微笑着走上讲台。师生互相致意后，开始讲课。导入新课、讲授正文、总结概括、复习巩固……各项工作进行得还算顺

利。为了避免满堂灌，有一个试讲者也效法前面几位试讲者的做法，设计了几次并不高明的课堂提问，但效果一般。下课时，比较自己与前几名试讲者的效果，这名试讲者估计自己会输。

谁知，第二天他就接到被录取的通知。惊喜之余，他问校长为什么选中了他。“说实话，论那节课的精彩程度，你还稍逊一筹。”校长微笑着说：“不过，在课堂提问时，你叫的是学生的名字，而他们却叫学号或用手指。试想，我们怎能录用一个不愿去了解和尊重学生的教师呢？”

叫学生的名字而不是用学号或用手指，事情虽小，却反映了讲课者对学生的尊重，体现了一片爱心。同时，对于应试者来说，记住学生的名字，也是一种应试准备，而且是更精细的准备。正是这种细节上的准备，使他与其他应试者区别开来。

细节决定成败，只有拘小节者才能成大事。我们都知道瑞士手表靠精工细作而享誉天下，德国人严谨细致的作风更是广为流传。德国企业正是凭着审慎严谨、一丝不苟的做事风格，成就了戴姆勒、西门子、大众等世界级企业巨头，同时也打造了“德国制造”这个几乎成为产品品质保证代名词的品牌。

## 西点启示

小节并非小事，“失之毫厘，谬以千里。”万分之一真的不算大，但如果忽略了它，带来的损失可能是巨大的。没有人拒绝完美，当你完成一件事情的万分之九千九百九十九的时候，为什么不去锦上添花完成那最后的万分之一呢？

那么，青少年们，你该如何从小事做起，从而成大事呢？

1．改变观念，不要好高骛远

任何行动都需要信念的支持，你要想从小节开始入手为成功准备的话，就必须认识到小节的重要性。

2. 不能怨天尤人

有专于事业的人都会全身心投入事业，他们不为失败而苦楚，不因困境而失望，坚忍不拔，不屈不挠，不会中途而废。遇到困难，或面对似乎难以逾越的障碍，他们总是坚忍不拔地去突破困境。经历了一次次沉重的打击，其他人都已感到希望渺茫，但他们还是有勇气坚持下去。由于他们内心清楚，只要坚持下去，愿望就在前面。

3. 要谨慎为人

审慎行事的人，做事一般都会有比较好的成果；而不够审慎的人，或者取得成绩之后就热血沸腾而放弃了审慎的人，其事业就很可能以失败告终。

# 第10章

## 开拓思路，积极思考，令自己智勇双全

——像西点军人一样思维敏捷，想法众多

# 变个角度，世界原来如此不同

生活中，我们可能都有这样的经历：我们习惯于从茎窝凹处切分苹果，若不改变切法，不管切多久，都不会有新奇的发现；若横切一刀，你就会发现：苹果核竟显示出清晰的五角星状。同样，我们看待一件事也是如此，如果我们转换个角度看的话，会看到完全不同的世界。事实上，无论做什么，都要有灵光的头脑，善于创造性思维，不能钻牛角尖。这条路走不通，不妨另走一条，多一条路多一道风景。思维一变天地宽，勤思考，善于逆向、转向和多向思维的人，总能找出解决问题的方法，总能花最少的工夫，达到最满意的效果。现代社会，青少年们，无论你现在从事什么，都要头脑灵活，培养自己多角度看问题的能力。对于一个问题，找出的答案越多越好。

一个西点的成功人士说："在观察认识事物时，如果只有一个视角，这个视角是最容易把人引入歧途的。如果我们能发现不寻常的视角，用这个视角去观察寻常的事物，就使得事物显示出某些不寻常的性质。不寻常的视角观察到的事物虽然与别人一样，但构思出的结果却与别人不同。"

生活中，有些事情看似不可思议，看似复杂难解，但只要我们换一个思考问题的角度，跳出习惯的思维框架，就会得出异乎寻常的答案。

"牛仔大王"李维斯年轻的时候，带着梦想前往西部追赶淘金热潮。一日，突然间发现有一条大河挡住了他往西去的路。苦等数日，被阻隔的行人越来越多，到处是怨声不断。而心情慢慢平静下来的李维斯突然有了一个绝妙的创业主意——摆渡。由于大家急着过河，所以没有人吝啬坐他的船，很快地，

他人生的第一笔财富居然因大河挡道而获得。

渐渐地，摆渡生意开始清淡。李维斯决定继续前往西部淘金。来西部淘黄金的人很多，但卖水的人却没有，所以，水在这个地方成了最珍贵的东西。不久他卖水的生意便红红火火。后来，同行的人也越来越多。终于有一天，在他旁边卖水的一个壮汉对他发出通牒："小伙子，以后你别来卖水了，从明天早上开始，这儿卖水的地盘归我了。"他以为那人是在开玩笑，第二天仍然来了，没想到那家伙立即走上来，不由分说，便对他一顿暴打，最后还将他的水车也一起拆烂。李维斯不得不再次无奈地接受现实。然而当这家伙扬长而去时，他却立即又有了一个绝妙的好主意——把那些废弃的帐篷收集起来，洗干净后，缝制成衣服，那样一定会有人愿意买。就这样，他缝成了世界上第一条牛仔裤。从此，一发不可收拾，最终成为举世闻名的"牛仔大王"。

聪明的人总是能不断寻找成功的机遇，即使在困境中亦是如此，因为他们从不为眼前的现状而停止思考，李维斯的成功就说明了这个道理。换个角度思考，才会有创造。在顺境中多思考，我们能保持清醒的头脑、稳健前进的脚步；在逆境中多思考，我们会找到失败的症结，踏上通往成功的道路。

青少年们，当提到铅笔的用途的时候，你能想到些什么呢？可能你会说"书写"，这只是铅笔的通常用途，但实际上，你至少可以得出这样多的答案：绘画、当发簪、做书签、当尺子画线、它削下的木屑可以做成装饰画、在遇到坏人时，削尖的铅笔还能作为自卫的武器……所以，千万不要以为铅笔只有一种用途——写字。这就考验了你的思维能力。不能做到转换思维思考问题，正是你不断尝试却不断失败的原因所在。

在人生的旅途上，不仅需要信心、激情和坚韧，还需要清醒的头脑，需要理智地经营。跌倒的时候，先别急着爬起来，不妨看看是什么绊住了自己。只有找到摔倒的缘由，才能不再重蹈覆辙，避免更大的失败。

同样，在心境上，你也可以尝试换个角度看待现状。生活中，谁都会遇到这样或那样的不如意，换个角度看待，很快就能调整好心态。这样，看到的不仅是希望，收获的更会是快乐。一位伟人曾说过："要么你去驾驭生命，要么生命驾驭你，你的心态决定了谁是坐骑，谁是骑师。”人活一世，一定要将自己定位在骑师的位置，遇到艰难与挫折时，换个角度，以一个良好的心态待人处世，可以把生命的舞台演绎得更加精彩。因为世间许多事就如同硬币，有正反两面。当我们抛到自己不喜欢的一面时，不妨静下心来，告诉自己：再试试吧，也许你就能找到自己喜欢的那一面了。上帝给予每个人眼睛，但并不给予你方法，如果想通过生活的考验，不妨换个角度试试！换个角度看问题，会使你多一些智慧，少一些鲁莽。拥有它，会使你的生活多一些顺畅，少一些坎坷。学会它，你会受益终生。

## 西点启示

每个人都希望自己做事能有一个好的角度，从而把事情做得尽善尽美。好的角度，当然是从思维而来。只有运用头脑，积极思考，转换思路，不断寻找出新的做事方法，你才能够发现、创造更多的机会，实现自己的目标，改变自己的生活。

从这一启示中，青少年们应该有所收获。那么，不妨做到以下几点：

1. 激发好奇心，主动发现问题

比如，在生活中看见某种现象，你不妨问问自己为什么会是这样，而不是那样？喜欢推究想象事情的前因后果是一种爱好，也是提高全面看问题能力的好方法，用不间断的思考来丰富自己，加深自己的生活阅历。在工作和学习上，对任何事情都要带着疑问，尽量满足自己的好奇心。

2. 善于思考，分析问题

我们对一件事物的思考过程，实际上就是我们的认知从现象到本质、从感性到理性、从具象到抽象的过程。思考其实就是一个分析的过程。通过思考，我们才能够认识事物内部、事物与事物之间的联系。在思考的过程中，你要学会对照比较、归纳概括、融会贯通、举一反三等。

3．多积累，丰富自己的经验

只有多了解实际情况，丰富自己的人生经验，多积累，思考的内容才能更具体、更丰富，看问题才会更全面。因此，要多看书，多了解一些生活规律，用前人的经验来充实自己。比如，可以读一些文学、哲学思想方面的书，这些都是他人经验的结晶、生活的反映。另外，可以培养广泛的兴趣爱好，积极投身于生活实践，有意识地增加社会实践也是一条途径。

# 拓展思路，会在“绝路”中发现别有洞天

俗话说：“天无绝人之路。”这是一句激励处于困难和逆境中的人们的话，但转机的出现也是有前提的，那就是我们要主动寻找出路，打通自己的死路，而不是坐以待毙。任何一个青少年，都逃不过未来社会激烈的竞争。而任何竞争不仅需要胆魄和勇气，更需要思想和智慧。没有头脑的人，一旦遇到阻碍，就会为自己设置一个“不可能”的思维模式。而事实上，只要你转换一下思维，拓宽自己的思路，出路就会在眼前出现。

在西点军校的课堂上有这样一个案例：

电影界突然一窝蜂地拍摄有动物参加演出的影片。虽然大家几乎是同时开拍，但是其中有一家，不但推出的早了许多，而且动物的表演也远较别人精彩，这是为什么呢?

原来，这位导演在同一时间找了许多只外形一样的动物演员，并各训练一两种表演。于是当别人唯一的动物演员费尽力气也只能表演几个动作时，他的动物演员却仿佛通灵的天才一般，变出许多高难度的把戏。而且因为他采取好几组同时拍的方式，剪接起来立刻就可以将电影推出。观众只见其中的小动物爬高下梯、开门关窗、卸花送报，却不知道全是不同的小动物演的。

这个世界上没有任何事是一成不变的，世界上也没有死胡同，关键就看你如何去寻找出路。

改变事物的现状就是运用思维的力量，思路一变方法来，想不到就没办法，想到了又非常简单，人的思维就是这样奇妙。有一句话说得好：“横切苹

果，你就能够看到美丽的星星。”青少年们，当你在工作或者生活中遭遇困境、原以为是死路的时候，不妨试着转换自己的思路，相信你一定能够化逆境为顺境，化问题为机遇。

有个在马戏团做童工的小青年，他的工作是负责向看马戏的客人推销小食品。但每次看马戏的人不多，买东西吃的人更少，尤其是饮料，很少有人问津。这下可怎么办呢？没人买东西，意味着收入惨淡，也可能面临失业。

在不知道如何是好的时候，突然有一天，他突发奇想：向每个买票的人赠送一包花生，借以吸引观众。但老板不同意这个“荒唐的想法”。他就用自己微薄的工资作担保，恳求老板让他试一试，并承诺说，如果赔钱就从工资里扣，如果赢利自己只拿一半。于是，马戏团外就多了一个义务宣传员的声音：“来看马戏，买一张票送一包好吃的花生！”在他不停地叫喊声中，观众比往常多了几倍。

观众们进场后，他就开始叫卖起柠檬水等饮料，而绝大多数观众在吃完花生后觉得口干时都会买上一杯，一场马戏下来，他的收入比以往增加了十几倍。

故事中的小青年，在面临自己的推销工作即将失去、没有收入的情况下，立即想到了另外一种推销方法：先免费赠送花生，使得观众先“占他的便宜”，进而由于口渴而不得不主动买他的汽水。这种方法无意间就推动了他的销售。如果他总是用一直使用的方法，被动地等待客人来买饮料的话，他的工作成果肯定得不到任何改观。

一个人，在人生的各个阶段，难免会遇到各种不如意的事，而且并不是所有的问题都有好的解决方法，可见人们选择不同的方法解决这些事，就会得到不同的结果，这就是思路不同的原因。真正聪明的人会充分开动大脑，顺着好的思维方式，走向成功的快捷之路。

青少年们，你也不要担心自己生来就不聪明，或是以为自己思维不如人。一个聪明的脑袋是可以后天习得的，正如卓别林所说，“和拉提琴或弹钢琴相似，思考也是需要每天练习的。”

西点启示

在这个世界上，从来没有绝对的失败。在现实生活中，善于思考问题、善于改变思路的人总能给自己赢得机遇，在成功无望的时候创造出柳暗花明的奇迹。在工作中也是如此，你总会遇到各种条件的限制，但你的思路绝不能被钳制住，只要思想是活的，就一定能找到出路。

那么，青少年们，该怎样拓宽自己的思维呢？

1. 懂得反省，及时悬崖勒马

当我们的思维活动遇到障碍，陷入困境，难以再继续下去的时候，往往都有必要认真检查一下：我们的头脑中是否有某种定式思维在起束缚作用？我们是否应该换个角度去看问题了？

2. 善于变通，敢于尝试

变通思维是创造性思维的一种形式，是创造力在行为上的一种表现。思维具有变通性的人，遇事能够举一反三，闻一知十，做到触类旁通，因而能产生种种超常的构思，提出与众不同的新观念。科学领域中的任何建树，都需要以思维的变通为前提。一般来说，变通思维用好了，就会起到一种“柳暗花明”的奇妙作用。

# 创造力——让世界鲜活的原因

法国心理学家约翰·法伯曾经做过一个著名的实验，他把许多毛毛虫放在一个花盆的边缘上，使其首尾相接，围成一圈。在花盆周围不远的地方，他撒了一些毛毛虫喜欢吃的松叶。毛毛虫开始一个跟着一个，绕着花盆的边缘一圈一圈地走，一小时过去了，一天过去了，又一天过去了，这些毛毛虫还是夜以继日地绕着花盆的边缘转圈，一连走了七天七夜，它们最终因为饥饿和精疲力竭而相继死去。其实，如果有一个毛毛虫能够破除尾随的习惯而转向去觅食，就完全可以避免悲剧的发生。后来，科学家把这种喜欢跟着前面的路线走的习惯称之为“跟随者”的习惯，把因跟随而导致失败的现象称为“毛毛虫效应”。

这个效应告诉我们，盲目地跟随他人不一定有好结果，我们的生活需要创造力。创造力是指产生新思想，发现和创造新事物的能力。生活中的青少年们，都是未来社会的主人，只有具有锐意变革的精神，才能使自己始终处于竞争中的有利地位。

任何一个成功的西点人，都具有一些共同的特质：他们积极主动，富有创造力。每一个进入西点学校的学员的心中，都埋藏着一个当将军的梦想。若非如此，他们就不可能成为优秀的士兵。同样，任何一个青少年，无论现在处于什么样的境况，他们都渴望成功，渴望以现在的岗位为起点，不断攀登事业上的高峰，那么，你就需要积极主动，富有创造力。

这是微软全球副总裁张亚勤亲身经历的一个故事：

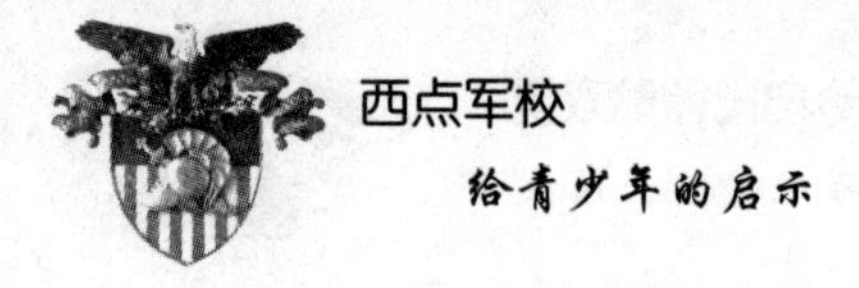


1985年，张亚勤赴美留学，在以满分通过博士生入学考试后，张亚勤跑去向导师求教如何选择博士论文的题目。

“老师，您看我的博士论文到底该做什么题目？”

谁知道那位老师说：“我还正要问你这个问题呢！”

张亚勤感到很意外。因为在国内，总是导师先给学生划定一个大致的论文范围。而在美国，总是学生自己找研究课题，导师只是最后帮助把握一下，提一些建议。张亚勤很快意识到这就是东西方教育的区别：“开放”与“计划”教育的区别。他认为这种开放的学习方式更能使人产生学习兴趣，也更有创造力：“自己选课题的时候总是最用心的时候。”

的确，知识社会的秘密就在于创造力。正如画家笔下的世界，一张纸、一支画笔，基本颜色永远只有那几种，无非是线条和点的组合，每个元素都没有新的发明，但因为画家的创造力，它就能具备无限的艺术价值。缺乏资源的日本就是个榜样，在其1982年的国策审议中，日本作出了“开发日本人的创造力，是日本通向21世纪的支柱”的决议，把开发国民创造力作为基本国策来执行。

在创新的过程之中，最可怕的是想象力的贫乏。爱因斯坦说：“想象力比知识更为重要。”可以这样说，人的一切发明与创造都源于想象力。一个人一生的成就，全归功于他能建设性地、积极性地利用想象力。有与众不同的想法，才能有意想不到的收获。

一个新的方法，可能给你带来新的收益。我们经常说，方法总比问题多，但是想出一个新的方法却总是要伤透脑筋。大多数时候，我们懒得去想一些新办法，而喜欢沿用前辈们的经验，更喜欢使用一些稳妥的、已经实施过的方案。这就容易让我们形成一种思维惯性，即按固定的思路去想问题，而不愿意换个角度、换种方式去想，拘泥于某种模式。这样不仅不利于问题的更好解决，更会阻碍了我们的思维活性。

想象在一个人成功过程中起着非常重要的作用。只有打开想象力的闸门，更有力地展开想象力的翅膀，才会翻腾起充满被动的思维大潮，才会让思想飞到一个前所未有的成功境地。

那么，青少年们，你该如何提高自己的创造力呢?

1. 善于变被动为主动

萧伯纳有一句名言：“明白事理的人使自己适应世界，不明白事理的人想使世界适应自己。”人都是在这种主动的不断调整、不断适应的过程中成长的。那些被动学习和工作的人，总是郁郁不得志。相反，那些积极上进勇于创新者，也许常有一时的困顿，但最终都能拥有一个比较辉煌的职业前景。

2. 敢于打破各种定式和共识

要想成为一名拥有创造力的成功人士：第一，要破除迷信权威的定式。第二，要破除没有独立判断力和思考力的“从众定式”。在传统社会中，大部分人的行为选择其实都是从众的结果，很少经过自己独立的深思熟虑。第三，要破除观念思维、经验主义等主观定式，不要给自己上思维枷锁，我们不仅需要敢于挑战专家的权威，也需要敢于自我否定。

3. 敢于坚信自己

对于一个创造型人才来说，自信非常重要。拥有自信，才能够不怕失误、不怕失败地去进行新的尝试。在大多数情况下，不敢自信走“小路”的人，通常也难成为创业型人才。

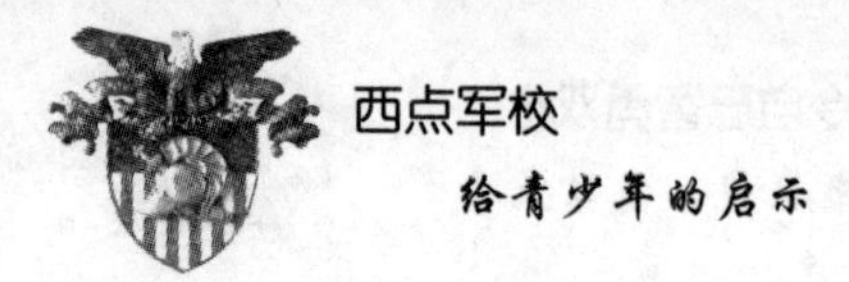


# 温故而知新，在旧成果中也能发掘出新元素

现代社会，我们都强调要创新，任何重大成果的发现，都离不开创新意识的发挥。但我们又发现，那些敢于创新并成功的人，无不是基础知识丰厚或者经验丰富的人。也就是说，创新并不是一句空话，更不是空中楼阁，而是需要建立在一定的知识和经验上。因为创新是一个相当宽泛的概念，它既可以指理论创新，也可以指技术的发明创造，还可以是观念、体制的更新等，其中的核心要素是取得新的认识。新的认识是在突破原有认识基础上的一种创造性的智力活动。也就说，我们在力求创新的同时，也要做到温故知新，才能在旧成果中发现新元素。

的确，在科学技术飞速发展的今天，竞争力的核心，已经发展为学习力的竞争。信息更新周期已经缩短到不足五年，危机每天都会伴随我们左右。处于新时代的青少年们，只有每天如饥似渴地去学习、学习、再学习，不断做到温故而知新，才能使自己丰富和深刻起来，才能赢得灿烂的明天和成功的未来。

西点军校约翰·科特上尉说过：“勇敢地面对挑战，并且大胆采取行动；然后坦然地面对自己，检讨这项行动之所以成功或失败的原因。你会从中吸取教训，然后继续向前迈进，这种终生学习的持续过程将是你在这个瞬息万变的环境中的立足之本。”艾森豪威尔也声明：“才能出众者，才堪担当重任；而努力学习，刻苦训练，是获得才能的唯一途径。”可见，对知识从不松懈的学习是每个西点人成功的重要保证。

无数成功者的经历都证明，创造能力与知识的多少成正比。在学习中掌握多

方面的知识，是造就人才综合素质的根本保证。知识就是力量，只有知识才能使我们成为具有坚强精神的人。知识有如人体血液一样宝贵，人缺少知识，头脑就会枯竭。一位西方的记者曾这样写道：“西点人自信、狂傲，因为他们有实力。”

西点人深知：具有丰富知识和经验的人，比只有一种知识和经验的人更容易产生新的联想和独到的见解。自身的知识越充足，成功的机会就越大。没有播种我们就没有收获，没有精神的营养，我们将会过早地凋谢。“要不断进取，发挥自己的才能，否则将被淘汰。”这是每一位西点人都谨记的一句至理名言，它感染着每一个西点人为了自己的理想而不断奋进。

《惊弓之鸟》的故事，大概每个青少年都读过，内容是：

战国时，更羸是有名的神箭手。一天，他跟魏王聊天，抬头看见天空有鸟飞来，他便对魏王说：“我不用箭，便可射落天上的飞鸟。”魏王不信。更羸摆好姿势，拉满弓弦，待大雁刚飞到头顶上空，便拉开弓。

只听一声凌厉的弦声，大雁在空中扑棱了几下，便一头跌落下来，魏王惊奇得不相信自己的眼睛。更羸放下弓，解释道：“不是箭术高超，而是这只大雁有隐伤，听见弦声惊下来。”“你怎么知道它有隐伤？”更羸回答道：“这只大雁飞得慢，叫声又凄厉。根据我过去的观察，飞得慢，是由于旧伤疼痛，叫声凄厉，是因长期失群。旧伤口没有痊愈，惊慌的心理还没有消除，因此，听到弓弦响就想惊逃高飞，可是翅膀猛一用力，牵动了旧伤，所以跌落下来。”

更羸就是通过观察、分析得出的结论。大雁有隐伤，因而只拉弓，没射箭就惊下了大雁，这一点，恐怕其他射手在射大雁的时候就没想到。而他的这种创新能力与他的经验是分不开的。更羸若是个射箭新手，他显然不会有经验来判断“飞得慢，是由于旧伤疼痛，叫声凄厉，是因长期失群。旧伤口没有痊愈，惊慌的心理还没有消除。”也就不可能射下惊弓之鸟。

另外，在工作中，经常会有这样的情况：同样对一件事的研究，不同的人得出的结论却不同。年长的前辈因为经验丰富，遇到的事情多、思路明晰、方法得当，因此工作效率快，而且一步就能做到位；很多年轻人却因经验不够，所以思路不对、方法也不当，工作上总是犯错误，经常需要返工；甚至有的年轻人盲目决策，造成重大失误。经验越丰富的人，往往洞察力越强。

因此，青少年们，你只有多了解实际情况，丰富自己的人生经验，多积累，思考的内容才能更具体、更丰富，创新的能力才能更强。

## 西点启示

想象力的开发和利用不是一时之功，而是活动主体长期知识积累和不断努力的结果。从这个意义上，我们可以把创新看作活动主体对已获知识要素所作的富于想象力的整合的产物。也就是说，创新实际上是活动主体在已有知识积累基础之上的智慧创造。创新中的“新”是“创”的必然结果，是新颖之突现，是想象力发挥作用的结果。因此，创新的实现，就需要我们每个人做到温故而知新。

这一启示告诉青少年们，要想做到创新，就需要从温故和知新两个方面来努力，从而做到挖掘新元素：

1．善于学习前人的经验

像牛顿这样的科学家，在概括自己的科学理论成果时都说，他是站在巨人肩上的矮子。牛顿当然不是矮子，而是巨人，但他确实是站在前人的肩上的。没有牛顿对前人知识的学习、吸收和批判，就不可能有牛顿的科学理论创新。

因此，每个青少年，都需要多看书和参加社会实践，多了解一些生活规律，用前人的经验来充实自己。

2．善于整合旧元素，形成新元素

因为创新本身就是对传统观念、理论、体制、技术等进行革命性扬弃的过程，是在获取原有思想理论的基础上，研究新情况，解决新问题，形成新认识，指导新实践，求得新发展的过程。纵观科学技术发展史上的发现、发明等创新活动，无一不是活动主体在深入学习和研究前人已有知识的基础上，通过自己智慧创造的结果。

# 如果你能创新，你就会与众非凡

自古以来，人类就是在不断创新中不断进步的，可以说，人类如果没有创新，只会停滞不前。同样，作为单个人，能否保持思维创新，直接关系到一个人的事业成败，因为只有创新才能激活自己全身的能量。有效的创新会点燃人生火花，成为突破生存梦想的手段。谁有创新思想，谁就会成为赢家；谁要拒绝创新，谁就会平庸！青少年们，年轻就是力量，只要你敢于创新，你就会与众不同。

西点人这样诠释创新："你只要离开常走的大道，潜入森林，你就肯定会发现前所未有的东西。"创新的成功，总是孕育着创新者的强烈创新意识。要想摆脱传统观念和习惯思维的局限，就要鼓励自我打破思维禁锢，突破常规的路线，激活创新的意识。

5岁的小姑娘刘明明，是北京某机关大院里的孩子王，常常被幼儿园阿姨追到家里找父亲告状。带着一群小朋友爬树，偷摘园里刚刚成熟的苹果，替受了外班同学欺负的小伙伴去打抱不平，反正每样闯祸的事情都和她脱不了干系。

将近半个世纪之后，福伊特造纸技术（VOITH PAPER）中国区总裁兼首席代表刘明明，坐在她上海的办公室里回忆童年："我从小胆子就大，而且敢作敢当，性格特别像男孩子。"事实上，刘明明今天仍然是一位以"大胆"给人留下深刻印象的女总裁：为了上亿美元的大项目敢和顶头上司针锋相对，在意见不同时敢于坚持，力排众议说服犹豫不决的集团总部给中国市场重新定位，甚至最初获得"首席代表"的身份也颇有些传奇色彩："他们最早想让我做副手，我说，我自己去和董事会谈。"

从一个捣蛋鬼、小女子到一位身价不菲的女总裁，正是她身上那股敢于说NO

的勇气，让她跻身于成功者的行列。青少年们，你呢？你具备创造力吗？你是否曾经是那个经常被欺负的小孩？如果你还揣着成功梦，你就必须学会说NO。

松下幸之助曾经说过："今日的世界，并不是武力统治而是创新支配。"一个小小的改变，只要能跳出传统守旧的观念，将自己思想方式巧妙地变一变，往往就会产生意想不到的效果。还记得那个引起诸多争议的人物拿破仑吗，他可谓是当时欧洲政坛最没"规矩"的人物了。

他从政没有规矩：一个没有贵族血统、没有门第背景的人，依靠娶了一个有钱的寡妇，挤进了法国政坛。他打仗没有规矩：别人都是列着队敲着鼓走到了跟前再放枪，可他打仗是先用大炮轰，然后再让骑兵冲上去一顿乱砍。他曾下达过一条著名的指令："让驴子和学者走在队伍中间。"在拿破仑的远征军中，除了2000门大炮外，还带了175名各行业的学者以及成百箱的书籍和研究设备。他用人没有规矩：除了法国，当时没有任何一个欧洲国家的元帅是鞋匠木工小摊贩，可他的26位元帅中，有24位出身于此类平民。他甚至连加冕都没有规矩：别的皇帝都是跪下让教皇把王冠给他戴上，他竟然是站起来抓过王冠，自己给自己戴上的！

如同当时欧洲的贵族们怒斥的那样：拿破仑这个土匪是世界上最没有规矩的人！但他成为了蜚声于世的拿破仑，成为一代代军事迷追逐的神话。规矩是一种标准、法则和习惯，合乎标准和常理的人总是规矩最忠实的践行者，但他们是终生踏着别人的脚印走路，毫无创意可言。

人们常说："创新始于天才。"其实，这话应该做个颠倒，"天才始于创新"才合乎情理。"天才"与大家一样，原本都是普普通通的人，重要的区别就是他们敢于创新罢了。

其实每个人都有自己的创新意识，有的时候只是处于隐蔽状态，未曾开发出来而已。因此，青少年们，只要你敢于突破常规、敢想敢干，一样能够突破自我。

## 西点启示

杰出的创意是获得成功的可靠保障，良好的思维胜于健全的体魄。成功是

从“想”开始的，只有敢“想”，会“想”，并“想”出结果，才会是成功者的候选人。

对此，青少年们，在培养自己的创新意识时，应注重以下几个方面：

1. 培养求知欲

学而创，创而学是创新的根本途径。青少年们，只有具备勤奋求知精神，不断地学习新知识，才能在自主创新中发挥生力军作用。

2. 培养好奇欲

将蒙昧时期的好奇心向求知时期的好奇心转化，这是坚持、发展好奇心的重要环节。要对自己接触到的现象保持旺盛的好奇心，要敢于在新奇的现象面前提出问题，不要怕问题简单，不要怕被人耻笑。

3. 培养创造欲

不满足于现成的思想、观点、方法及物体的质量、功用，要经常思考如何在原有基础上创新发明、推陈出新，大脑里经常有“能否换个角度看问题？有没有更简捷有效的方法和途径”等问题盘旋。

4. 培养质疑欲

“学起于思，思源于疑”。有疑问才能促使自己去思考，去探索，去创新。因此，你需要鼓励自己大胆质疑、提出多种解决问题的方案及最佳方法。从多角度培养自己的思维能力，激励自己创新。提出问题是取得知识的先导，只有提出问题，才能解决问题，认识才能提高。一定要以锐不可当的开拓精神，树立和提高自己的自信心，既要尊重名人和权威，虚心学习他们的丰富知识经验，又要敢于超越他们，在他们已进行的创造性劳动的基础上，再进行新的创造。

当然，我们这里所说的创新、对规则说NO，主要说的是对人们日常形成的思维定式敢于提出挑战，而不是不遵守法律。法律是维持一个社会正常运转的必要的规范，它约束我们不做对他人有伤害的行为，唯有来自前人以及大多数人习惯的定式规则，才是禁锢我们头脑的大敌。不论个人还是企业，一旦头脑被禁锢，他的发展就一定受到限制。

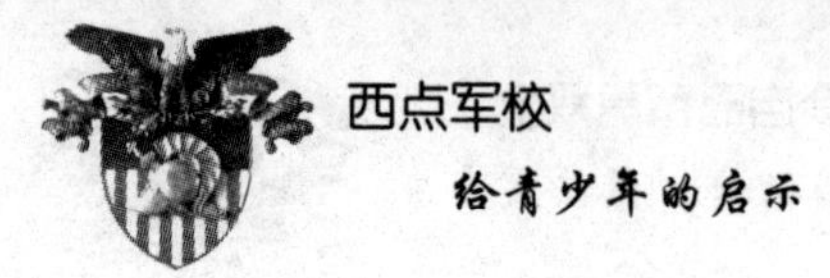


# 将你的思考付诸行动吧

一只鸟的翅膀再大，如果不努力振动，又怎能展翅高飞呢？一个人的才能再高，如果不努力拼搏，又怎能走向成功呢？一个国家的物产再丰富，如果不努力发展，又怎能屹立于世界民族之林呢？这一切都说明：行动胜于空想。

有位伟人说过："世界上只有两种人：空想家和行动者。空想家善于谈论、想象、渴望、甚至于设想去做大事情；而行动者则是去做！行动者比空想家做得成功，是因为，行动者一贯采取持久的、有目的的行动，而空想家很少去着手行动，或是刚开始行动便很快懈怠了。行动者具备有目的地改变生活的能力。他们能够完成非凡的事业，与此形成鲜明对比的便是，空想家只会站到一边，仅仅是梦想过这些而已。

看历史上的每一个伟人，无不是既拥有超前的思想和超凡的行动力，并通过发挥自己的优势而赢得荣誉的。但凡每个社会上成功的人士，无不是思想与行动的统一相结合，并通过自身的努力才获取的胜利。其实，像这样的例子不胜枚举。一句话，行动促就梦想。那么，活在当下的每个青少年，你是愿做一个事业有成的成功人士呢，还是只做个一点人生意味都没有的普通人呢？如果你选择前者，那么，从现在开始，你就得给自己规划一个详细的人生目标，并按照自己现有的自身条件去为之奋斗。只要你这么想了，也这么做了，那么你的人生最终就是成功的。

西点军校上尉约翰·科特说过："勇敢地面对挑战，并且大胆采取行动，然后坦然地面对自己，检讨这项行动之所以成功或失败的原因。你会从中吸取

教训，然后继续向前迈进，这种终生学习的持续过程将是你在这个瞬息万变的环境中的立足之本。”这句话正体现了百年西点的精华——人只有不断学习，脚踏实地地干，才能有所进步，有所作为。

“一切用行动说话”，对于青少年们来说，特别是工作而言再适合不过。空头支票谁都会开，那又有何用呢？在学校里，老师已经教育你们要努力学习，打好基础，不能眼高手低，只有这样社会才会接纳你。

俗话说：“空谈误国，实干兴邦。”大到国家，小到个人，万事万物都得由小到大。或许你现在做着看似不着边、没有前景的工作。但要坚信，事物发展的道路是迂回曲折的，巴纳德说过：“机会只偏爱那些有准备的人。”成功的秘诀在于开始着手。现在就采取行动，决不拖延，行动高于一切！把握现在的瞬间，从现在开始做。愚公正是因为没有空想，才用行动移开了大山。

愚公的屋前有一座大山，他每天都要绕过大山，走到山的另一面。他觉得这样下去，会给他带来很多麻烦，因此就想把山移走。于是，他每天就用一点的时间去“移山”，直到他死了，“移山”的工作始终没有停止，他的子子孙孙锲而不舍。最终，大山终于被移到他的屋后了。愚公付出了行动，默默地耕耘，经过那么多的风雨，终于看见了阳光，这是因为他少空想，多行动。

每个青少年心中也和愚公一样，都有一个远大的理想。然而他们往往缺乏坚定的信念，顽强的拼搏精神与必胜的信念，因此他们的目标只停留在口头上，难道这种“说话的巨人”也能轻易取得成功吗？这些同学经常“三天打鱼，两天晒网”。根本就不付诸行动，试问这样怎能实现远大的理想呢？

## 西点启示

只有做“行动的巨人”才是21世纪的大成者，才具有真正的王者风范。相反，“行动的矮子”只会被岁月的潮流淘汰。

当然，“行动”并不是一个抽象空洞的词语。它需要你用坚定的信念，顽强拼搏的精神与必胜的信心来实现。对此，青少年们，你需要做到：

1. 敢想敢做——有计划，有目标

一个天生胆大的人，会是一个敢想敢做的人。虽然有时候看似是在冒险，也有危险，但最大的危险不是冒险，而是一生只求平安，无所作为。当然，你还要做到思路突破，不断挑战自我。只要你足够勇敢，又拥有智慧，就没有什么事情是做不到的。

2. 突破自我——创造奇迹

一个人只有敢于打破现有的固定模式，才可能创造出奇迹。而奇迹不是每天都会发生的。想要奇迹发生，还要看你的行为标志和思维状况。那么，你是甘于平淡，还是让生命充满色彩呢?

当你每天早晨一打开窗户的时候，就会感受到一股新鲜的空气。于是，你感觉自己的身心是多么的轻松。接下来要做的事情就是，投入到每天的工作当中。好像这个世界上的事情永远做不完似的。另外，你可以每天让自己多出一点新奇的想法，给生活增添一点新奇的意味。如果你这样去做了，那么，你就等于在努力突破自我，虽然现在还没有奇迹发生，但至少你和原来的你是不同的了。

3. 超越环境之上——做一个胜利者

环境是特定的，人是灵活的。因此，人不能被特定的环境所压制，而是要努力去冲破环境。作为人是不能被环境所屈服的，因为，我们是勇敢的。我们要超越环境之上，做一个永远的胜利者。当一个人最想做自己的时候，那就等于想解放自我，而不再做环境的奴隶。即使这样做要付出很大代价也不怕。

# 第11章

## 乐观豁达，胸襟宽广，修炼精英气度

——像西点军人一样懂得宽容，仁爱善良

# 宽厚仁慈，每一个微笑都灿若繁星

自古以来，中华民族就是个充满爱与仁慈的民族。宽厚仁慈也是人类性情的美好呈现。宽，就是要有宽阔的胸襟，宽大为怀，宽容对待事物；厚，就是要厚道。待人处世要忠诚老实，要光明磊落，不要躲在阴暗角落里打利己损人的小算盘；仁，仁者，爱也。“己所不欲勿施于人”，这是孔子对仁的解释。就是要有爱心，大爱无私。毛主席号召学习白求恩大夫的“毫无自私自利之心的精神”，这种精神就体现了仁；慈，就是要和善，有善心，不生恶念，不怀恶意，不施恶行。

生活中的每个青少年，都要勉励自己成为一个宽厚仁慈的人，用宽厚仁慈的态度去对待去处理生活中的各种问题，会减少许多这样那样的摩擦和冲突，减少矛盾。这不仅仅表现为一种胸怀，一种大度，也表现出一种睿智。学会宽厚仁慈，才会保持一种豁达的心境，临危不惧，处乱不惊。青少年们敬仰的西点人，并非都像人们想象的那样不苟言笑。

西点军校号称“美国将军的摇篮”，许多美军名将如格兰特、罗伯特·李、艾森豪威尔、巴顿、麦克阿瑟、布莱德利等均是该校的毕业生。这些名人在校期间的许多轶事至今还被西点人所津津乐道。美国内战时，约400名南北双方的将领是从西点军校毕业的。

第二次世界大战名将巴顿将军也是西点军校的毕业生，并以作风严厉、作战勇猛、善于捕捉战机、扩大战果，而被誉为“血胆将军”。但巴顿在校的学习成绩却不敢恭维，因为他是花了五年时间才从西点毕业，比同期学员多出了

一年。一次，一位记者追问其原因，巴顿俏皮地回答说，他学习期间没有找到学校的图书馆。对此，西点人则以自己的幽默来回答和纪念这位1909年的毕业生。1950年，他们在校图书馆对面立了一尊头戴钢盔、身着戎装，手持望远镜的巴顿将军塑像。寓意幽默：不是找不到图书馆吗？现在让你手持望远镜，天天站在图书馆对面，这下总可以找到了吧！

巴顿就是这样一个在战场上和生活中有着完全不同面貌的人，生活中的他并非如战场上那般不苟言笑，绝对命令式地对待周围的人。的确，作为一个军人，同时是个生活中的人，也需要为人处世。有了宽厚仁慈的处世之道，并在生活中体会、实行，很多事情都好办，很多问题都好解决，很多心结都容易解开。佛典中记载了这样一个关于心灵选择的故事：

有位老禅师住在深山中。一日他很晚才踏着月光回家，到家时发现有个小偷正在光顾他家。老禅师初见之时起了些微嗔之意，想将小偷抓住，但佛法的教诲令他放弃了这个念头，选择了仁慈与宽容：他脱下身上的长袍，静静地候在门外，等小偷出来之时，老禅师对小偷说："您大老远来看望我，可我实在太穷，没什么好让你拿的，就把这件长袍送你吧。"说着便将长袍塞在小偷手里。小偷有些惊慌，抓着长袍跑了。老禅师看着小偷远去的背影，又看看头上的明月，叹了口气："但愿我能将这轮明月送给他。"

第二日，当老禅师打开门时，发现他的长袍整整齐齐地放在门口，老禅师庆幸自己选择了仁慈，说道："我终于送了一轮明月给他。"

每个青少年，也要接受老禅师赠予的"明月"，并把这轮"明月"放在心里，和老禅师一样做到待人宽厚仁慈，不斤斤计较。因为人生路途崎岖坎坷，人际关系复杂多变，实在不能事事计较。懂得宽容别人，自己的性情也就有了转折的余地，从而在各种生活境况里，无论遭遇什么样的人和事，都不至于怒发冲冠、牢骚满腹、委屈痛苦、郁气中滞。对别人是这样，对自己亦然。我们每个人的一生，都可能有顺有逆，在人生这短暂的旅途中，免不了要跌倒。人不可能不跌倒，但必须学会如何不跌倒。我们难免会遇到失败和灾难，但必须懂得接纳它，也就是说在逆境中，要懂得自己释怀。

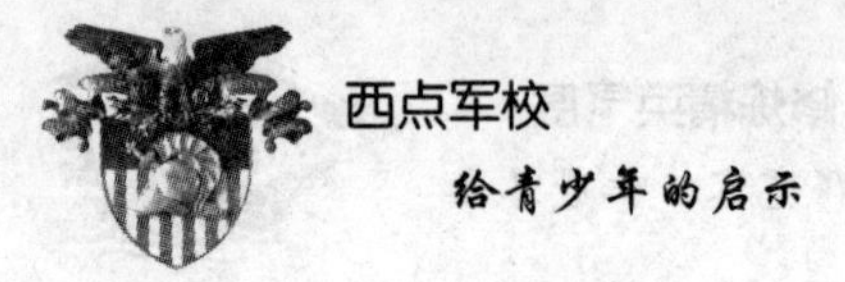


有人说，宽厚仁慈是怯懦，也有人说，这是没有个性，但实际上，宽厚仁慈是爱自己，也是爱别人。人非圣贤，孰能无过。过失像一道道栏杆，横在人们前进的道路上，每个人都要用足够的力量，才能跨过栏杆，继续生活。宽容就是给别人一次机会，能够使人们吸取过去的教训，重新振作精神，面对生活。当然，宽厚仁慈不是要当“好好先生”。对敌人，在他放下武器停止抵抗后才可以对他们宽厚仁慈，这体现在我们一贯实行的优待俘虏政策上。对正在行凶作恶的歹徒暴徒，在他们中止犯罪投案自首或被当场制服抓捕后才可以对他们宽厚仁慈，这体现在“坦白从宽，抗拒从严”的政策和人道主义的监狱管理、文明执法的法规上。

## 西点启示

多一份宽厚、多一份仁慈，我们的生活就会多一份开心。对别人宽厚仁慈，我们就会收获一份发自内心的尊重、一份鼓励、一份赏识、一份浓浓的爱。这种爱，是宽容的爱，平等的爱，激励的爱。

那么，青少年们，该如何对待周围的人呢?

1. 根除偏见

要想根除偏见，就要根除狭隘的思想。只有远离偏见，才能实现人与内心的和谐，人与人的和谐，人与社会的和谐。

2. 懂得与人分享快乐

我们不但要自己快乐，还要把自己的快乐分享给朋友、家人甚至素不相识的陌生人。因为分享快乐本身就是一种快乐，一种更高境界的快乐。

3. 真诚地付出行动

宽厚仁慈不仅仅是一种姿态、一种形式，更是一种修养，一种勇气。宽厚仁慈来自健康的心理、崇高的追求。一个人如果整日为自己的挫折懊悔，凡事看不到希望和曙光，那样是想宽容也宽容不起来的。如果得志便趾高气扬，快意恩仇，就会众叛亲离，如果争强好胜失去限度，就会失去做人的乐趣。

# 吃点亏会让自己的心灵更丰盈

生活中，在一些人眼里，吃亏的老实人成了“傻瓜”、“无能者”的代名词，似乎吃亏是理所应当的。但我们似乎也应该注意到：那些愿意吃亏的人往往有更好的人际关系，无论是工作还是生活中，他们都得到更多人的信任，有更多的升迁机会。这是为什么呢？其实，这句话印证了人们常说的“吃亏是福”的道理，主动吃点亏，可能确实会带来利益上的损失，但却可能给你带来友谊、带来信任，最主要的，我们会获得心灵上的充实感。

对于“吃亏是福”这句话，可能很多年纪尚轻的青少年们会颇不以为然。吃亏？为什么要吃亏？谦让？为什么我要谦让你？成全？为什么要我牺牲来成全你？人们都在这个瞬息万变的世界变得激进而匆忙，手里真真实实抓得到才安心。往后退一步，为了对方一个没有实际作用的笑脸和一个看不见的明天，吃亏隐忍在大家眼里永远不被看好。

实际上，吃亏是一种大肚能容的气度，是一种即使自己处于劣势，仍然能淡然处之的做人风范。青少年们敬仰的西点人认为，宽容是做人的一种风度和境界。

生活中，很多时候，人们常常为一些小事苦恼。其实过于计较，得失心太重，反而会舍本逐末。吃亏其实也包含了豁达和宽容，而且还要加上理智和自我克制。面对吃亏的豁达，是一种以个人能力为基础的自信，但这种自信并非人人都有。

再往深层次说，当失误摆在面前，而且很快地找到原因后，就应该迅速将这件事沉淀下来，过多的计较会使自己陷入对过往的沮丧情绪里。这种情绪会遏止我们的自信，甚至影响判断。因此，主动吃亏也是一种自信的表现。

当然，万事都有个度。我们反复在掂量：吃亏到底是什么？是敢于付出？还是有自信？还是眼光长远？

我们拥有的并不多，重要的是有没有一个得失的准则，帮我们在复杂中找到那么一点简单，在踌躇中找到那么一点依据。如果把吃亏当作一个途径，那确实需要付出勇气，也需要策略。二者相加，就会获得自信，而不是患得患失的焦虑。

齐国有一对很要好的朋友，一个叫管仲，另外一个叫鲍叔牙。年轻的时候，管仲家里很穷，又要奉养母亲，鲍叔牙知道了，就找管仲一起投资做生意。做生意的时候，因为管仲没有钱，所以本钱几乎是鲍叔牙拿出来投资的，可是，当赚了钱以后，管仲却拿的比鲍叔牙还多，鲍叔牙的仆人看了就说："这个管仲真奇怪，本钱拿的比我们主人少，分钱的时候却拿的比我们主人还多！"鲍叔牙却对仆人说："不可以这么说！管仲家里穷又要奉养母亲，多拿一点没有关系的。"有一次，管仲和鲍叔牙一起去打仗，每次进攻的时候，管仲都躲在最后面，大家就骂着说："管仲是一个贪生怕死的人！"鲍叔牙马上替管仲说话："你们误会管仲了，他不是怕死，他得留着命去照顾老母亲呀！"管仲听到之后说："生我的是父母，了解我的人可是鲍叔牙呀！"后来，齐国的国王死掉了，大王子诸当上了国王，诸每天吃喝玩乐不做事，鲍叔牙预感齐国一定会发生内乱，就带着小王子小白逃到莒国，管仲则带着小王子纠逃到鲁国。

不久之后，大王子诸被人杀死，齐国真的发生了内乱。管仲想杀掉小白，让纠能顺利当上国王，可惜管仲在暗算小白的时候，把箭射偏了，小白没死。后来，鲍叔牙和小白比管仲和纠还早回到齐国，小白就当上了齐国的国王。小白当上国王以后，决定封鲍叔牙为宰相，鲍叔牙却对小白说："管仲各方面都比我强，应该请他来当宰相才对呀！"小白一听说："管仲要杀我，他是我的仇人，你居然叫我请他来当宰相！"鲍叔牙却说："这不能怪他，他是为了帮

他的主人纠才这么做的呀！”小白听了鲍叔牙的话，请管仲回来当宰相。

后来，大家在称赞朋友之间的友谊时，就会说他们是“管鲍之交”。

鲍叔牙不计较管仲的自私，理解管仲的贪生怕死，还向齐桓公推荐管仲做自己的上司。最终，鲍叔牙也赢得了管仲的友谊。正所谓“生我的是父母，了解我的人可是鲍叔牙呀！”可能现实生活中的人们很难做到这一点，但如果每个人都能做到不为小利小益争来夺去，便能化敌为友，壮大自己的力量，成全别人，也能给自己带来心灵的充盈。

## 西点启示

忍人所不能忍，主动吃亏，这需要勇气和毅力，需要拥有良好的习惯和宽容的作风，同时，更需要一种成事者的大家风范。青年人要成大事，这种习惯和作风是必不可少的，唯有如此，才会在关键时刻显出英雄本色，才能赢得人心，从而成就一番事业。

这一启示告诉青少年们，年轻气盛的你如果愿意收起那颗不愿吃亏的心，也能收获成功、赢得友谊，对此，你需要做到：

1．淡化利益观念

通常情况下，人们不愿吃亏，就是因为把目光放在了所谓的亏上，比如，金钱、物质或者名利。如果我们紧紧盯住这些外在利益，就无法释怀，自然也不愿让步，而带来的结果往往就是纠结的心态，紧张的人际关系等。而如果你能对名利淡然一些，或许收获的就是另外一种心情！

2．让步与吃亏也要讲原则

毫无原则地让步与吃亏就是人们常说的“好好先生”，是一种懦弱的表现。一个真正的男子汉，要有进取之心，要有迎难而上的心境，而不是主动放弃，放弃与吃亏不可同日而语。

# 感恩对手，化敌为友

对手，对于我们每个人来说，永远都是与我们相对立的，似乎他就是我们眼前的障碍，学习中的竞争对手，希望和目标的争夺者，有时甚至还会给我们的人生道路带来诸多不便与坎坷。因此大多数人总是用敌意的目光来对待对手，但实际上，作为新世纪的青少年们，可否改变人们的这一看法，开始感恩对手，并做到与对手化敌为友。对手往往能照出你自己。在如今五彩缤纷、竞争激烈的社会中，涌现出一批又一批发展全面素质强劲的对手。所谓“狭路相逢勇者胜”，正是由于他们，才使你认识到自己的不足，才使你认识到要发展自我，才使你认识到社会，乃至整个世界都无时无刻地在进步，在前行。对手就犹如一面铜镜，能照出你自己的特征，也能激励你去不断学习，不断发展。

从西点毕业的佼佼者，统率北方军的尤利塞斯·格兰特将军和领军南方部队的罗伯特·李将军，这两位昔日的同窗校友因各为其主而成为战场上的对手。结果，格兰特技高一筹，最终迫使罗伯特·李俯首称臣。然则，格兰特一生最敬重的人却是他的对手罗伯特·李，并且多次在公开场合称赞罗伯特·李。

被感知的宽容确实让人难忘。“二战”结束后不久，在一次酒会上，一个女政敌高举酒杯走向邱吉尔，并指了指丘吉尔的酒杯，说：“我恨你，如果我是您的夫人，我一定会在您的酒杯里投毒！”显然，这是一句满怀仇恨的挑衅，但丘吉尔笑了笑，友好地说：“您放心，如果我是您的先生，我一定把它一饮而尽！”这样从容不迫的回答也就给了对方一个极其宽容的印象。可见宽

容是一种大智慧，一种大聪明！

感恩我们的对手，是一种宽容的表现。一个有志于事业成功的人，包容对他来说是一门人生必修课。你可以地位低下，也可以资质平庸，但你不能没有容纳之量。常怀一颗包容之心，你就会赢得人们的尊敬。胸襟博大，心宽志广，他就会上下和睦，左右逢源，能争取到更多的支持者，以充沛的精力投入到工作之中，使自己的事业大有成就。我们的伟大领袖毛泽东就向青少年们昭示了这个道理。

最高境界的宽恕，是宽容那些曾经伤害过自己的人。这不是一件容易的事，但是如果我们这样做了，就会从中体验到我们的富有和强大。而当一个人能够宽恕别人时，也必定能够宽容他自己。因为当他对自己充满自信之后，他无需去防御别人。他敢于正视自己的缺点，对一生中所遭受的不可避免的冲突和挫折具有必要的忍耐力。

正因为有了对手，我们的生活才不会像白开水一样平淡乏味，反而变得美丽、变得七彩斑斓；正因为有了对手，我们才不会像人工养殖的鲜花一样弱质纤纤，反而变得越来越坚强；正因为有了对手，我们才能享受到真正的快乐。那么为何不道声“感谢对手”呢？

## 西点启示

人生漫漫长路中，对手是同行者，也是挑战者。感谢对手吧！正是由于他们，你才会认识到自己的缺点，才会激发你的潜能，才会激励你不断进步，才会迫使你奋勇前进，勇攀高峰！

那么，青少年们，你该怎样对待对手呢？

1．为对手叫好

当我们看到自己取得成功的时候总是兴奋不已，希望有人为自己鼓掌。可是当身边人，包括你的对手取得成功的时候，你该怎样去面对呢？是嫉妒还是欣赏？是大声叫好还是不屑一顾？尤其是你平日与他相处得很紧张、很不快乐的人成功了，这时候，你为他鼓掌，会化解对方对你的不满和成见，改变他对你的态度，他会觉得你慷慨地付出了自己的真诚，从此，他也会给予你支持。人都是这样，死结越拧越紧，活结虽复杂，却容易打开。

2. 为对手付出

为朋友付出容易，为别人付出困难，为对手付出更困难。付出既有物质上的，也有精神上的。当别人有困难的时候，你的一句鼓励就是给予，当别人成功的时候，你的几声掌声就是礼物。一些人对竞争对手，多采取的是阴险的手段，打击报复，而不知道如何化敌为友。想把对手变成朋友，就要舍得为他“付出”，对方陷入困境的时候，你要保持冷静，不能见机踹他一脚；当你成功的时候，不要在对方面前趾高气扬，克制自己不流露出得意。做到这些就是“付出”，勇敢的“付出”。

# 想得海阔天空，适时让人一步

生活中，人与人交往，难免会产生一些误解，甚至产生矛盾，而矛盾的激化还是平息，主要是看我们的心胸够不够宽。西点人常讲，忍让是人生的一种包容态度，是一个人心胸开阔的重要表现。没有必要和别人斤斤计较，没有必要和别人争强斗狠，给别人让一条路，就是给自己留一条路。

青少年们，无论是生活还是工作中，无论遇到什么事，只要你能以谅解的态度、宽广的胸怀去待人待事，就能使矛盾得到缓和。相反，一个人如果心胸狭窄，经常为了自己的一点私利斤斤计较，结果只能使矛盾愈加深化，不仅伤害感情，影响友谊，还会破坏和谐。

美国有位总统马辛利，因为用人问题，遭到一些人强烈反对。在一次国会会议上，有位议员当面粗野地讥骂他。他极力忍耐，没有发作。等对方骂完了，他才用温和的口吻道："你现在怒气应该平和了吧，照理你是没有权利这样责问我的，但现在我仍然愿意详细解释给你听……"他的这种让人姿态，使那位议员羞红了脸，矛盾立即缓和下来。试想，如果马辛利得理不让人，利用自己的职位和得理的优势，咄咄逼人进行反击的话，那对方是决不会服气的。由此可见，当双方处于尖锐对抗状态时，得理者的忍让态度，能使对立情绪"降温"。

而观世人，多对人斤斤计较。对别人的缺点用放大镜来看，连毛孔粗细都瞧得个真真切切明明白白；于自己，却是糊里糊涂，从不曾拿个照妖镜来照照自己又是何方神圣，这是人性的弱点。若世人都能换个视角，对自己多检点，

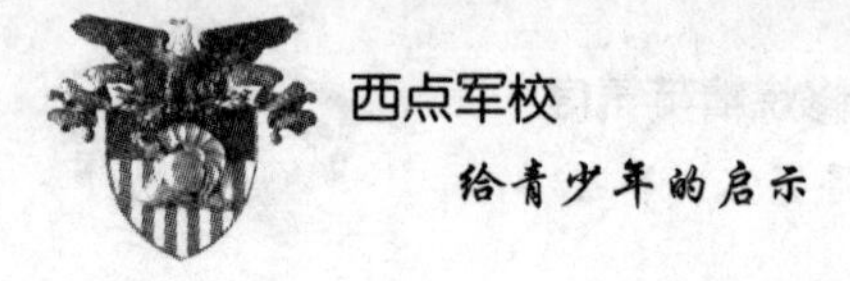


对别人多忍让，那么，人世间就会充满和谐！当然，这种忍让是用在善良弱小或是亲朋好友的小毛病小缺点或是内部矛盾上，在大是大非面前是绝不可忍让的，这是一个做人的准则问题。

能容人让人是一种良好的心态，是一种美德，秉持糊涂的心态做人，自然能妥善地对待世间的人和事，既尊重自己，又能赢得别人的尊敬。

从对自身发展的角度看，青少年们，你若能给别人留余地，事实上也是给自己留余地。不让别人为难，不让自己为难，这就是让三分，留余地的妙处，亦是处世交往的良方。陷身于争斗的旋涡后，不必非逼得对方鸣金收兵或竖白旗投降不可。最明智的做法就是放对方一条生路，给对方一个台阶，为对方留点面子。这不太容易做到，但如果能做到，则好处多多。

古代有个叫韩琦的人，曾同范仲淹一道推行新政，北宋时长期担任宰相职位。韩琦在定武统率部队时，夜间伏案办公，一名侍卫拿着蜡烛为他照明。那个侍卫一走神儿，蜡烛烧了韩琦鬓角的头发，韩琦没说什么，只是急忙用袖子蹭了蹭，又低头写字。过了一会儿一回头，发现拿蜡烛的侍卫换人了，韩琦怕主管侍卫的长官鞭打那个侍卫，就赶快把他们召来，当着他们的面说："不要替换他，因为他已经懂得怎样拿蜡烛了。"军中的将士们知道此事后，无不感动佩服。

按理说，侍卫拿蜡烛照明时不全神贯注，把统帅的头发烧了，本身就是失职，韩琦责备一句也是应该的，即使不责备，挨烧时"哎呀"一声也难免。可他不但忍着疼没吱声，还怕侍卫受到鞭打责罚，极力替其开脱。他这种宽容比批评和责罚更能让士兵改正缺点、尽职尽责，而且韩琦统率的是一个大部队，事情虽小，影响却大，上上下下一知晓，谁不愿意为这样的统帅卖命呢？

韩琦镇守大名府时，有人献给他两只出土的玉杯，这两只玉杯表里毫无瑕疵，是稀世珍宝。韩琦非常珍爱，送给献宝人许多银子。每次大宴宾客时，总要专设一桌，铺上锦缎，将那两只玉杯放在上面使用。结果有一次在劝酒时，被一个官吏不小心碰到地上摔个粉碎。在座的官员惊呆了，碰坏玉

杯的官吏也吓傻了，趴在地上请求治罪。可韩琦却毫不动容，笑着对宾客说：“大凡宝物，是成是毁，都有一定的时数，该有时它献出来了，该坏时谁也保不住。”说完又转过脸对趴在地上的官吏说：“你偶然失手，并非故意的，有什么罪呢？”

这番话说得十分精彩！玉杯已经打碎，无论怎样也不能复原，责骂、痛打一顿肇事者吧，突然多了一个仇人，众位宾客也会十分尴尬，好端端的一场聚会便不欢而散，也会大大有损自己的形象。而韩琦此言一出，立刻博得了众人的赞叹，肇事者对他更是感激涕零，恐怕给他做牛做马也心甘情愿了。

韩琦一生处于危险之地，而又一直立于不败之地，这是为什么呢？正如他自己所说的：“天下之事，没有完全尽如人意的，一定要用平和的心态去对待。不这样，连一天也过不下去。即使是和小人在一起时，也要以诚相待。只不过知道他是小人，就同他少来往罢了。”这就是韩琦处世高人一筹的秘密。由此可见，“道有道法，行有行规”，做人也不例外，用平和的心态去对待人处事，也是符合客观要求的，因为让人一步，做事留有余地才是跨进成功之门的钥匙。

## 西点启示

适时让人一步，给人留有余地，是大智若愚，是对小恩小怨的不执着，不计较，是性存忠厚，是对弱小的体恤宽容，是一种良好的道德修养。

那么，青少年们，你该怎样给人留余地呢？下面介绍一些适时退让的方法：

1．给台阶

当你与人交谈，进入争论阶段后，不可得理不饶人，应当偃旗息鼓，并可以一面解释一面折衷调和，最好使用不带刺激性的“各打五十大板”或者“你好我好”的语言形式，以避免冲突的扩大。

2. 熄怒火

不少时候，人和人之间的相互发火，是因为互不了解、有失沟通造成的。这时候得理的一方切不可因对方的错怪而以怒制怒。最好的方式是多加解释，想法沟通或者道歉、劝慰，与对方达成谅解或共识。

3. 担责任

面对蛮横无理者，得理者若只用以恶制恶的方式，常常会大上其当。这时候，平息风波的较好方式，莫过于得理者勇敢地站出来，主动承担责任，以自责的方式对抗恶人恶语，收到以柔克刚的效果。

# 宽容是一种爱，让生活无限美丽

心态，有很多种，如：“天下本无事，庸人自扰之”，这是一种自寻麻烦的心态；“以牙还牙，以眼还眼”，这是一种睚眦必报的心态；“拿不起，放不下”，这是一种执着妄念的心态；“人心不足蛇吞象”，这是一种贪得无厌的心态……英国文豪狄更斯曾经说过：“一个健全的心态，比一百种智慧都更有力量。”这告诉我们一个真理：有什么样的心态，就会有什么样的人生。我们渴望被他人认可，为别人喜欢，更希望拥有快乐幸福的一生，而这一切的源头，都在于我们的心态。如果你自寻烦恼而忧郁难安；或与他人斤斤计较而愤恨不平；或事事牵心，死抱过去念念不忘；又或贪心不足欲壑难填……拥有这些负面心态的话，你只能挣扎在被人厌恶、自怜自弃、抑郁不乐之中！要获得真正的快乐和终身的幸福，你就要把上述各种不健康的心态统统赶出你的内心，净化你的脑海，选择正确积极的心态，那就是——宽容。

在激烈的竞争社会，在利益至上的商业时代，宽容与忠厚一样都成了无用的别名，但每个渴望获得幸福和安宁的青少年们，都不要忘记：宽容是一种爱，会让你的生活无限美丽。在西点，每个学员都坚信：征服人心不靠武力，而是靠爱和宽容。成大事者，无不具有宽容的品质，谁若想在困厄时得到援助，就应在平时宽以待人，要依靠爱和宽容，征服别人，这样才能在人生旅途中顺利地前进。

18世纪的法国科学家普鲁斯特和贝索勒是一对论敌，他们关于定比这一定律争论了9年之久，各执一词，谁也不让谁。最后的结果，是以普鲁斯特的胜利而告终，他成为定比这一科学定律的发明者。普鲁斯特并未因此而得意忘形，据天功为己有。他真诚地对曾激烈反对过他的论敌贝索勒说：“要不是你一次次的质难，我是很难深入地研究下去这个定比定律的。”同时，他特别向公众宣告，发现定比定律，贝索勒有一半的功劳。

这就是宽容。允许别人的反对，不计较别人的态度，充分看待别人的长处，并吸收其营养。这种宽容是一泓温情而透明的湖，让所有一切映在湖面上，天色云影、落花流水。这种宽容让人感动。

青少年们，请记住，命运不是不可选择和主宰的。如果我们以自己的心灵为根本，以生存和发展为动机，去追求平和宽容的生活，那么命运就可以改变并主宰。包容是对自己的理解和体谅，不将小事时时挂在心上，因而心平气静不计得失，自然不会无事生非自寻烦恼。宽容是一种爱，你要相信，斤斤计较的人、工于心计的人、心胸狭窄的人、心狠手辣的人……可能一时会占得许多便宜，或阴谋得逞，或飞黄腾达，或春光占尽，或独占鳌头……但不要对宽容的力量丧失信心。用宽容所付出的，在以后的日子里总有一天会得到回报，也许来自你的朋友，也许来自你的对手，也许来自你的上司，也许来自时间的检验。

1754年，已升为上校的华盛顿率部驻防亚历山大市，当时正值弗吉尼亚州议会选举，议员有一个名叫威廉·佩恩的人反对华盛顿支持的一个候选人。

有一次，华盛顿就选举问题和佩恩展开了一场激烈的争论，其间华盛顿失口，说了几句侮辱性的话。身材矮小、脾气暴躁的佩恩怒不可遏，挥起手中的山核桃木手杖将华盛顿打倒在地。华盛顿的部下闻讯而至，要为他们的长官报仇雪恨，华盛顿却阻止并说服大家，平静地退回了营地，一切由他自己来处理。翌日上午，华盛顿托人带给佩恩一张便条，约他到当地一家酒店会面。佩恩自然而然地以为华盛顿会要求他进行道歉，以及提出决斗的挑战，料想必有一场恶斗。

到了酒店，大出佩恩所料，他看到的不是手枪，而是酒杯。华盛顿站起身来，笑容可掬，并伸出手来迎接他。“佩恩先生，”华盛顿说，“人都有犯错误的时候。昨天确实是我的过错。你已采取行动挽回了面子。如果你觉得已经足够，那么就请握住我的手，让我们做个朋友吧！这件事就这样皆大欢喜地了

结了。从此以后，佩恩则成了华盛顿另一个热心的崇拜者和坚定的支持者。

以德报怨，华盛顿能做到如此宽容，是令人钦佩的。“开口便笑，笑古笑今，凡事付之一笑；大肚能容，容天容地，于人何所不容！”这是一座著名庙宇弥勒佛像两边的楹联，说的是佛祖的气度与胸怀，大度与宽容。如果生活中，我们对周围发生的任何事都能付诸一笑，那么，我们的生活必当更加美好。而如果一个人总是眼里容不得沙子，锱铢必较，不仅会遭人厌恶，有时还会招来怨恨，因此，常怀一颗宽容之心，你就会赢得人们的尊敬。

宽容是一种让你品质升高的梯子。宽容如一阵风，如一滴雨，给别人带来爱，也洗涤了我们的心灵，“送人玫瑰，手有余香”，原谅了别人也就升华了自己。

对于任何一个青少年，要想成就一番事业，就必须有宽容的心，去包容成功路上的猜疑、嫉妒……拥有一颗宽容之心，你的人生境界将变得更加开阔。

那么，青少年们，你该如何用爱去宽容别人呢?

1．用心去宽容别人

宽容并不是让你毫无原则地一味退让。宽容的前提是对那些可宽容的人或事；宽容，不是去对付，去虚与委蛇，而是以心对心去包容，去化解。

2．尝试忘却

宽容就是忘却。人人都有痛苦，都有伤疤，动辄去揭，便添新创，旧痕新伤难愈合。忘记昨日的是非，忘记别人先前对自己的指责和谩骂。学会忘却，生活才有阳光，才有欢乐。

3．关爱你周围的人

付出关爱也会换来关爱，也会迎来朋友。有朋友的人生路上，才会有关爱和扶持，才不会有寂寞和孤独；有朋友的生活，才会少一点风雨，多一点温暖和阳光。

# 追求荣誉不等于向往虚荣

人总是恶辱而好荣的。每一个奋发进取的人，都会热切地向往荣誉，积极地追求荣誉。但是，作为新时代的主力军，青少年们，你们追求的荣誉，应该是积极向上的，也该是为祖国、人民以及社会做贡献建立功勋的荣誉，而绝不贪图个人的虚荣。

1962年6月麦克阿瑟在西点发表演说，曾清楚地阐述了西点的荣誉责任观："诸位是西点所培养的伟大将领和军事精英，肩负着战时的全国命运。这一长列穿着灰色制服的军士，从没有辜负过国人的期许。倘若你们辜负国人的期许，立刻会有上百万的军魂，穿着草黄色、棕色、蓝色、灰色制服的军魂，从白色十字架下翻身起来，对着你们齐声高喊'责任、荣誉、国家'。"

麦克阿瑟口中的荣誉才是真正的荣誉，这正是西点军校的每个学员所追求的荣誉。

生活中，可能有的青少年分不清荣誉与虚荣的界限，他们把表面的荣耀当作荣誉来追求，好大喜功，取得一点进步就沾沾自喜，受到半点批评就闷闷不乐；讲成绩夸夸其谈，说问题轻描淡写；有了好事一个劲往自己身上揽，遇到难题一股脑朝别人头上推；甚至为了出人头地，或窃取别人成果为我所有，或诽谤他人以美化自己。如此等等，恐怕都与虚荣心膨胀不无关系。正确看待荣誉的人，把失败的教训刻在心灵深处，爱慕虚荣的人，会念念不忘自己的功绩和勋章。正如共产主义战士王杰所言："虚荣的人注视着自己的名字，光荣的人注视着祖国的事业。"

可能很多青少年会产生这样的疑惑，荣誉感和虚荣心有什么区别呢？实际上，它们有着本质的区别：

荣誉感是积极向上的心理品质，是人们学习、工作的强大内在动力；而虚荣心则是追求表面的荣耀，是道德责任感在某些人内心的一种畸形反映。正确追求荣誉的人，把履行社会义务看作自己的神圣使命，把得到荣誉看作自己为人民做贡献的一个标志，因而他们无论面临何种境遇、遇到什么困难，都能一如既往地勤奋工作、埋头苦干，靠实绩和贡献赢得人们的赞扬和尊敬。他们珍视荣誉而不单纯追求荣誉，在荣誉面前相互谦让，甘当“无名英雄”。贪图虚荣的人则一切言行以个人名利得失为转移，把履行社会义务仅仅看作获得个人荣誉的手段，不择手段地骗取荣誉。一些单位和个人之所以热衷于搞形式主义、做表面文章，甚至弄虚作假，虚荣心强是一个重要原因。

何谓荣誉，我们来看看西点军校的乔治·林肯是怎样做的：

西点军校1929年的毕业生乔治·林肯，38岁就成了陆军准将。战争结束后的1947年，已经是少将的林肯，完全可以向马歇尔将军要求美军中的任何一个职务和岗位。但他竟出人意料地主动要求去西点军校的社会科学系教书，级别相当于副主任。但西点的系副主任至多只能是上校军衔，林肯为了能到西点社会科学系任职，不惜向上级要求连降两级，从少将变成上校。马歇尔再三劝阻无效后，只得批准了林肯的请求。

这段“能上能下”的佳话，的确显示了林肯为了追求理想抛弃名利地位的卓越品格。林肯后来在西点社会科学系主任的职位上又升为准将。故林肯楼里，有关林肯的记载和牌匾都一直称他为林肯准将。

试想，如果我们处在林肯这样的社会地位时，我们能做到主动要求连降两级吗？估计大多数人的回答是否定的，因为理智告诉我们，这样做会失去荣誉。而林肯做到了，正是他这种对荣誉的淡然心态，使他赢得了更大的荣誉。

的确，人人都在以不同的方式追求成功。但绝不能靠投机取巧求名利，不能靠掺杂使假骗钱财，不能靠连跑带送谋官位，而必须靠高尚的品行立身做人。马登在《伟大的励志书》中写道：“每个人的一生，都应该有一些比他的成就更伟大，比他的财富更耀眼，比他的才华更高贵，比他的名声更持久的东西。”这个东西就是高尚的品格，达到此境界便是做人的成功，而且是人生真正的最大的成功。

## 西点启示

荣誉不能自封，不能作假，不能沽名钓誉，不能把它当作目的来追求。而贪图虚荣的人，把名利作为追求的根本目标，貌似爱荣誉，实则想的是光宗耀祖、荣华富贵。

在明确了荣誉感和虚荣心的区别后，青少年们，应该在行动上有明确的方向，为此，你要谨记：

1．脚踏实地，淡化名利

荣誉是一个人行为的结果，不能自封，不能作假，只能通过自己的诚实劳动，为祖国和人民履行义务才能获得。许多事实证明，仅仅为了获取荣誉而工作的人，荣誉往往与他无缘。倒是不图虚名浮利的人，常常会“无心插柳柳成荫”，于不知不觉中获得荣誉。也就是说，只要我们脚踏实地地做好本职工作，荣誉自然会光顾我们。

2．防微杜渐，不要让虚荣心滋生

没有人能真正做到完全对名利“视而不见”，年轻的青少年们更是如此，因为他们希望得到肯定，而荣誉的确是个人成绩的表现之一。“好名之害，与好利同”。虚荣心本身说不上是一种恶行，但不少恶行都围绕着虚荣心而产生。这种心理如同毒菌一样，消磨人的斗志，戕害人的心灵。为此，我们必须要做到防微杜渐，不要让虚荣心滋生。

# 将荣誉视为比生命更宝贵的财富

自古至今，每一个军人身上都有自己的使命，这就是要重视荣誉，把荣誉视为比生命更宝贵的财富。新时代的青少年们更要沿袭这一传统，具备高度的荣誉感。对此，西点人给了我们良好的榜样作用。

西点军校认为，作为学员和未来的军官，培养个人荣誉道德行为的强烈意识，是非常必要的。西点新生一入学就要首先接受 16 个小时的荣誉教育。在教育过程中，经常列举这样的失败教训：

一位军官，受命到一特定地区执行侦察任务。当团指挥官问及他该地区的敌情时，他报告说，此处敌人兵力很少。事实上，他根本没有到该地区进行侦察。根据他的情况报告，团指挥官派了一个营的兵力进入该地区，由于情报的不真实，敌人的兵力很强，结果，全营均被敌人消灭。

“在通常情况下，一个人做事可以不准确甚至不诚实，但是，军人的不准确或不诚实会导致同伴牺牲生命，会损坏他的政府的荣誉。所以培养军校学员的荣誉感不是一个等闲视之的小问题，而是军队建设的需要，它要求西点军校把其学员培养成为具有诚实性格和一丝不苟的人。”“在西点军校，荣誉制度是非常重要的，我认为，这一荣誉制度是西点军校不同于其他学校的关键所在。我非常珍惜这一制度，如果去掉它，我宁愿从各军官训练团和候补军官学校接收陆军军官，而把西点军校忘掉。这就是荣誉制度的重要性所在。”说上述两段话的，一个是第一次世界大战期间的陆军部部长牛顿·贝克；一个是陆军的菲尔将军。他们的观点在美国军界具有广泛的代表性。

可见，这是一项严格的荣誉教育，一个军官只有具备荣誉精神，才会有责任意识，他们身兼着对国家、社会、人民乃至自己的责任。可见，荣誉比自己的生命更为重要。青少年们，可能你们会认为：我又不是军人，荣誉有那么重要吗？答案当然是肯定的。任何一个男性，都身兼重任，是未来社会的主力军、社会的建设者、家庭责任的担当者，或许处于家庭保护中的你还不能感受到这种责任的重大，但任何人都不可以拒绝成熟和社会的洗礼，因此，从现在开始，加强自己的荣誉意识尤为重要。

在西点军校，荣誉制度对一年级新生的影响最大。1966 届有一名不幸的新学员成了这套错综复杂、稀奇古怪的制度的“牺牲品”。这名新学员由于过不惯冷峻单调的生活而心慌意乱，精神恍惚。他跑去参加一个学员的宗教团体晚会，想在那里找到几小时的安慰。当时，他不知道按照章程规定，他有权参加这个聚会，他是忍不住去的，并在自己的缺席卡上填了“批准缺席”。当晚回到宿舍后，他又回顾了一下自己的所作所为，左思右想总觉得自己犯了罪，于是，他便向学员荣誉代表坦白交代了。这时他才知道自己有权参加那个聚会。但为时已晚。虽然他的所作所为一点没有违反校规，荣誉委员会还是认为他有违反荣誉准则的动机，因而有罪。第二天，他就被开除了。

可能我们会觉得这项荣誉制度有点残酷，但实际上，作为一个军人，就必须严格遵守制度，树立高强度的荣誉感和责任意识。如果每位学员都希望通过违反制度来寻求“安慰”，那么，如果在实战中，势必将成为一盘散沙，最终导致战争的失败。

“责任、荣誉、国家”，这就是西点军校在将近 200 年的历史发展过程中形成的富有特色的宝贵传统。另外，还有以“学员不得撒谎、偷盗或欺骗，也不能容忍任何人这样做”，这一荣誉准则基本条款为核心的荣誉制度；严格的军事训练和学员行为规范；科学的文化教育计划和十几人为一班的文化课小班教学法，等等。这些传统的基础就是西点军校之父——塞耶的办校思想。在培养学员由普通公民转变成为军官的过程中，这些传统可以保证学员形成职业军人特有的自觉的纪律观念、荣誉观念、时间观念、自我牺牲精神、集体主义精

神和高度的责任感。所以，西点人确信，坚持西点固有的优秀传统具有极大的必要性，因为它体现了军事院校教育的特点和规律。

## 西点启示

一个人只有重视荣誉，把荣誉看成比生命更为重要的财富，才能竭尽全力的做任何事。这种精神的有无，可以左右一个人的成败。处处全力以赴，即使从事最平庸的职业也能增添个人的荣耀。

青少年们要想获得这一荣誉，还必须从生活中努力，为此，你需要做到：

1．竭尽全力做每一件事

在当今竞争激烈的社会，你只有竭尽全力去做每件事情，才能有一个好结果和好成绩。竭尽全力是一种精神，一种积极主动、永远奋力向前的精神；是一种态度，一种不计回报、不畏艰难、不找任何借口、倾其全力去完成任务的态度；是任何一个成功者所必备的素质。

2．不仅要努力，还要做到最好

这就需要你在做事过程中具备进取心、不甘于优秀、超越卓越者，这样，我们就可以把事情做到最好。“生命不息，奋斗不止”，不应只是成功者的做事原则，也应该成为众多青少年的共识。

# 正直忠诚，尽享阳光下的杰出人生

良好的品格是一个人立身于世的基础，是一个人最重要的资本，也是一个人具备荣誉感的表现。有品格的人生，是高贵向上的；丢弃品格的人生，是卑微低下的。只有勇于坚持自己原则的、有品格的人才不会在迷茫或是困境中迷失自己的方向。新时代的青少年们，要想成为一个男子汉，就必须把品格修养放在自身成长的首要地位。其中，对于一个人来说，最重要的品质之一就是正直忠诚。这一点，青少年们，更应该向西点看齐。

自1898年西点军校把“职责、荣誉、国家”正式定为校训以来，西点军校就特别重视对学员品德的培养。

西点对个人品质的要求很高，它要求学员能够严于律己，认清正确的道路，并沿着它走下去。他们在做出决定或选择前，首先要搜集和分析各种事实，使自己的行为变得公正合理。他们做出的任何决定都应当客观公正，不从个人好恶出发，不图私利，不掺杂情感因素。如果犯了错误，他应勇于正视，主动承担责任，不可推诿。如果荣誉应属于别人，就不要去争，要有气度和胸怀。一句话，西点人做事应当光明磊落，问心无愧。这是锻造个人形象的根本之道。

西点把培养学员的品格放在首位。正直则被西点认为是一名军人的核心品格，而这一品格恰恰是现在许多青少年所缺乏的。成为西点的学员之后，长官都会多次强调正直谦逊的品格。没有正直的品格就可能背叛，没有正直的品格就没有个人的荣誉。

西点需要正直，正直是一个人内心最高贵的品格之一，有了它才有了荣誉、幸福与成功的可能。一个正直的人因为有正义在他的身后做其坚强的后盾，所以能无畏地面对世界。西点学子美国第34任总统艾森豪威尔说：“要做正确的、该做的事，而不是能够赢得别人赞赏的事。”

实际上，自古以来，我们身边就不乏正直忠诚者。而这一品质，也正是他们获得荣誉、赢得赞扬的前提条件。

包拯性格严厉正直，对官吏苛刻之风十分厌恶，致力于敦厚宽容之政，虽然嫉恶如仇，但始终以忠厚宽恕之道推行政务，不随意附和别人，不装模作样地取悦别人，平时没有私人的书信往来，亲旧故友的消息都断绝了。虽然官位很高，但吃饭穿衣和日常用品都跟做平民时一样。他曾说：“后世子孙做官，有犯贪污之罪的，不得踏进家门，死后不得葬入大墓。不遵从我的志向，就不是我的子孙。”

包拯在朝廷为人刚毅，贵戚宦官为之收敛，听说过包拯的人都很怕他。人们把包拯笑比黄河水清了，儿童妇女也知道他的大名，喊他为“包待制”。京城称他说：“关节不到，有阎王爷包老。”以前的制度规定，凡是告状不得直接到官署庭下。包拯打开官府正门，使告状的人能够直接到他面前陈述是非曲直，使胥吏不敢欺骗长官。朝中官员和势家望族私筑园林楼榭，侵占了惠民河，因而使河道堵塞不通，正逢京城发大水，包拯于是将那些园林楼榭全部毁掉。有人拿着地券虚报自己的田地数，包拯都严格地加以检验，上奏弹劾弄虚作假的人。

任瀛洲知州期间，各州用公家的钱进行贸易，每年累计亏损十多万，包拯上奏全部罢除。

包拯在三司任职时，凡是各库的供上物品，以前都向外地的州郡摊派，老百姓负担很重、深受困扰。包拯特地设置榷场进行公平买卖，百姓得以免遭困扰。官吏负欠公家钱帛的多被拘禁，一有机会就逃走，又把他的妻儿抓起来，包拯都给放了。

包拯正直、刚正不阿、为百姓伸张正义，这正是为什么能流芳百世的原因。生活中，有些人本着人不为己天诛地灭的想法，自私自利，这样的人在获取到小恩小惠的同时，也让自己的品格蒙上了一层阴影。而青少年们，你们的人生刚刚开始，塑造良好的品质修养，才能走上人生的阳光大道。因为任何人，如果不具备正直忠诚这一品质，即使具备不平凡的智慧，也只是小聪明而非大智慧，人生的路只会走得越来越窄。

每个青少年可能都有一颗为荣誉而奋斗的心，那么，你首先就得从加强自身品质修养做起。西点要求学员具有良好的个人品德，这是当学员时或成为军官后，在下级、同事和上级心目中树立自己良好形象的基础。美国陆军军官的个人品德，是使美国公民确信哪里有陆军哪里就有安全的根本原因。西点学员的个人品德，更是他们学有所成，按时毕业，获得好评的保障。

西点的领导者指出，学员要成为军官，应该赢得别人的尊敬，得到别人全心全意的合作，才有可能完成肩负的使命。作为军官队伍中的一员，将来你也许会发现，“你必须做出关于民族存亡、民众安危的决定。对民族的生存和安全来说，每个军官的个人品德和行为品德都是至关重要的。”

每个年轻人都希望获得事业上的成功。总结许多杰出人士走过的道路，你会看到，他们遭受失败的原因可能千差万别，成功的经历却大多一致：那就是他们在年少时便养成了获得巨大成功的美德，为日后的纵横四海打下了坚实的基础。李嘉诚曾戏言自己不是“做生意的料”，因为他觉得自己不会骗人，不符合中国人无商不奸的标准，令人感叹的是偏偏是他做成了全亚洲独一无二的大生意。

正直忠诚的人是高贵的；丢弃了这一品格的人是低下的。做人有品格，这是比金钱、权势更有价值的东西，也是成功的最可靠资本。

从这一启示中，青少年们，你们要想让自己的道路宽阔，就必须做到以下两点：

1．勿以善小而不为，勿以恶小而为之

生活中，一个人的品质是体现在一言一行之中的，从生活中的所见所闻做起，勿以善小而不为，勿以恶小而为之，才能把“为善”当成一种行为习惯，做到这样，距离收获正直忠诚这一品质也就不远了。

2．不要向任何一个小诱惑低头

也就是说，自己不要随意放纵自己，更不要轻易向各种诱惑低头，坚持自己真正的做人原则，履行自己人生的计划。否则，你很可能因为人生中的一个“小错误”而损失掉生命中真正的财富。

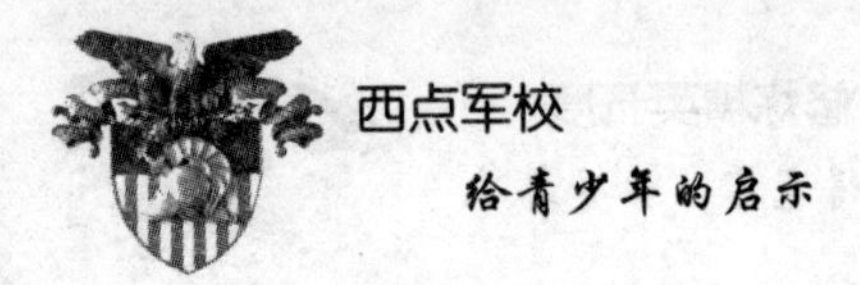


# 忠诚于祖国，忠实于荣誉

现代社会是一个标榜个性的年代，尤其是对于那些新一代的青少年们，他们更是个性的代名词。追求个性是新生代的自由，但同时，更不可避免地带来了一些方面的影响，比如，缺乏荣誉感，以自我为中心等，当然，这些问题在同时代的很多青少年身上都存在过。而忠实于祖国，忠实于荣誉，是一个男子汉必备的品质。西点军校的教官们，就是这样教育每一位学员的。

在西点，让所有西点人最感到自豪的就是西点著名的“荣誉准则”——“一个军校生决不撒谎、欺骗和偷盗；也决不能容忍任何人的这种行为。”另外，西点的校训是：责任、荣誉、国家。这正是西点最核心的理念所在，激励着一代又一代的西点人竭尽所能去报效祖国，也是影响美国200年国运的三个关键词。

在西点，无论教官还是学员，都具有坚固的信念。的确，没有荣誉感的军官不是合格的军官，没有荣誉感的经理不是合格的经理，没有荣誉感的公民不是合格的公民。荣誉感，无论是对自己、对国家、对社会还是对民族，任何时候都是不可或缺的。

1962年6月麦克阿瑟在西点发表演说，曾清楚地阐述了西点的荣誉责任观：“诸位是西点所培养的伟大将领和军事精英，肩负着战时的全国命运。这一长列穿着灰色制服的军士，从没有辜负过国人的期许。倘若你们辜负国人的期许，立刻会有上百万的军魂，穿着草黄色、棕色、蓝色、灰色制服的军魂，从白色十字架下翻身起来，对着你们齐声高喊‘责任、荣誉、国家’。”

新时代的青少年们，倘若你想成为一个铁铮铮的男子汉，那么，就以西点的这些学员们为榜样，开始忠实于我们的祖国，加强自身荣誉感、责任感的培养。

沃尔特·克朗凯特是美国著名的电视新闻节目主持人，他从孩提时代就开始对新闻感兴趣。并在14岁的时候，成为学校自办报纸《校园新闻》的小记者。而在他70多年的新闻职业生涯中，克朗凯特始终都对新闻事业，对自己的国家忠贞不渝。

1963年9月，克朗凯特报道了一个关于约翰·肯尼迪总统在得克萨斯州的达拉斯遇刺的消息。整个美国都在观看这一报道，整个国家都看着这同样的一幕，整整三天，三大新闻网没有报道其他任何消息，只有总统身故，以及为肯尼迪总统举行的葬礼的最后之旅的报道。整整三天没有任何商业广告。这是美国无法忘记的关于尊严的一幕。自此以后，美国人授予克朗凯特一种荣誉——接受他播报的任何新闻，无论好坏。

他总是为公民了解世界上到底发生了什么的权利和责任呼号。他为读者，同时也为记者坚守着一种单纯的道德准则。

克朗凯特的职业生涯证明了一点：一个优秀的记者只有一件事要做——讲述真相。导演西德尼·鲁梅特说："对我而言，他是在一个最容易堕落的行业里最不同流合污的人。"这就是克朗凯特期望的一切，他做到了。克朗凯特之所以能做到效忠于人民，效忠于国家而不"同流合污"，就是一种荣誉感使然。中国也有句古话，"鞠躬尽瘁死而后已"，作为一个顶天立地的男子汉，忠诚是必备的一项品质。中国自古以来，名垂千古的忠臣无不把"忠"字放在人生第一位上。这不仅是一种荣誉感，也是一种责任感，是对国家负责，对自己负责。

西点人的责任意识是所有人所公认的。西点人对待自己的任务或是工作的那种强烈的责任感是一种无价之宝。责任感是一种使命，没有了责任，那一切都只是空谈。人生所有履历都排在勇于担责的精神之后。西点强调：没有做不好的事情，只有不负责任的人。想证明自己的最好方式就是去承担责任。不

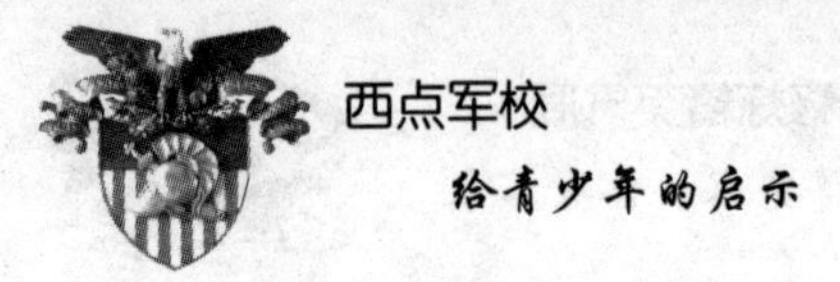


管做什么事情，都要时刻记住自己的责任，无论在什么样的工作岗位上，都要对自己的工作负责。西点人十分强调学员责任感的培养。学员不论在什么时候，无论穿军服与否；在西点内还是西点外，不论是担任值勤或宿舍值班员，都有义务、有责任履行自己的职责，而这一出发点不是为了获得奖赏或逃避惩罚，是出自内在的责任感。一进入西点，学员就接受了与职务相符的所有特权，同时也必须承担应尽的义务。摆在学员面前最棘手的标准是“不容忍”条款。这一条款每天都提醒学员记住，要承担起神圣的职责，它远高于个人感情或友情。

## 西点启示

我们每个人都要对自己负责，对国家负责，荣誉感是我们不断进步，不断成熟的动力。

可能有些青少年认为，随心所欲地生活才是生活的本质，荣誉感是人生的累赘，实际上则不然，因为荣誉感能使得一个人毫无头绪的生活变得鲜明。那么，从现在起。青少年们，努力做到以下这几个方面吧：

1. 尽心尽责做好身边的每一件事

一个人无论从事何种职业，都应该尽心尽责，尽自己最大的努力，求得不断的进步。这不仅是工作的原则，也是人生的原则。如果没有了职责和理想，生命就会变得毫无意义。无论你身居何处，即使在贫穷困苦的环境中，如果能尽职尽责地工作，最后就会获得成功和快乐。

2. 关心国家，关心社会

我们都生活在一个大集体中，那就是国家和社会，有国才有家，我们都懂得这个道理，那么，从明天起，开始关心国家，关心社会吧！

# 参考文献

[1] 胡胜林.西点军校给男孩的启示[M].北京：中国纺织出版社，2012.

[2] 格雷. 西点军校男孩性格书[M].北京：朝华出版社，2012.